土木工程科技创新与发展研究前沿丛书

国家重点研发计划项目（2016YFC0700700）资助

既有大跨空间结构抗风加固技术指南

韩　淼　杜红凯　编著

中国建筑工业出版社

图书在版编目（CIP）数据

既有大跨空间结构抗风加固技术指南/韩淼，杜红凯编著.—北京：中国建筑工业出版社，2019.12
（土木工程科技创新与发展研究前沿丛书）
ISBN 978-7-112-24301-3

Ⅰ.①既… Ⅱ.①韩… ②杜… Ⅲ.①大跨度结构-空间结构-抗风结构-加固-指南 Ⅳ.①TU745.2-62

中国版本图书馆 CIP 数据核字（2019）第 220018 号

本书介绍了风的特性，大跨度屋盖结构的分类、风灾害及破坏机理。结合风洞试验介绍了风压分布特性，包括风压时程、平均风压分布图、脉动风压系数随风向角的变化趋势，以及风压分布特性的 CFD 数值模拟方法，结构风振响应分析方法。介绍了结构静力风荷载取值规定，大跨空间结构的抗风设计方法，既有大跨空间结构的抗风加固措施，并给出了抗风加固工程实例。

本书可为工程师进行大跨空间结构抗风加固设计提供技术指导，同时为高等院校、科研单位的风工程研究人员进行大跨空间结构抗风加固研究提供参考。

责任编辑：仕　帅　王　跃
责任校对：党　蕾

土木工程科技创新与发展研究前沿丛书
既有大跨空间结构抗风加固技术指南
韩　淼　杜红凯　编著

*

中国建筑工业出版社出版、发行（北京海淀三里河路 9 号）
各地新华书店、建筑书店经销
北京佳捷真科技发展有限公司制版
北京市密东印刷有限公司印刷

*

开本：787×960 毫米　1/16　印张：8¾　字数：175 千字
2019 年 12 月第一版　2019 年 12 月第一次印刷
定价：**38.00** 元
ISBN 978-7-112-24301-3
（34813）

■序■

当前,我国城市发展逐步由大规模建设转向建设与管理并重发展阶段,既有建筑改造与城市更新已然成为重塑城市活力、推动城市建设绿色发展的重要途径。截至 2016 年 12 月,我国既有建筑面积约 630 亿 m²,其中既有公共建筑面积达 115 亿 m²。受建筑建设时期技术水平与经济条件等因素制约,一定数量的既有公共建筑已进入功能退化期,对其进行不合理的拆除将造成社会资源的极大浪费。近年来,我国在城市更新保护、既有建筑加固改造等方面发布了一系列政策,进一步推动了既有建筑改造工作进展。2014 年 3 月,中共中央、国务院发布《国家新型城镇化规划(2014—2020 年)》提出改造提升中心城区功能,推动新型城市建设,按照改造更新与保护修复并重的要求,健全旧城改造机制,优化提升旧城功能。2016 年 2 月,中共中央、国务院发布《关于进一步加强城市规划建设管理工作的若干意见》,要求有序实施城市修补和有机更新,解决老城区环境品质下降、空间秩序混乱等问题,通过维护加固老建筑等措施,恢复老城区功能和活力。

与既有居住建筑相比,既有公共建筑在建筑形式、结构体系以及能源利用系统等方面具有多样性和复杂性,建设年代较早的既有公共建筑普遍存在综合防灾能力低、室内环境质量差、使用功能有待提升等方面的问题,这对既有公共建筑改造提出了更高的要求,从节能改造、绿色改造逐步上升至基于更高目标的"能效、环境、安全"综合性能提升为导向的综合改造。既有公共建筑综合性能包括建筑安全、建筑环境和建筑能效等方面的建筑整体性能,综合性能改造必须摸清不同类型既有公共建筑现状,明晰既有公共建筑综合性能水平,制定既有公共建筑综合性能改造目标与路线图,构建既有公共建筑改造技术体系,从政策研究、技术开发和示范应用等多个层面提供支撑。

在此背景下,科学技术部于 2016 年正式立项"十三五"国家重点研发计划项目"既有公共建筑综合性能提升与改造关键技术"(项目编号:2016YFC0700700)。该项目面向既有公共建筑改造的实际需求,结合社会经济、设计理念和技术水平发展的新形势,基于更高目标,依次按照"路线与标准""性能提升关键技术""监测与运营""集成与示范"四个递进层面,重点从既有公共建筑综合性能提升与改造实施路线与标准体系,建筑能效、环境、防灾等综合性能提升与监测运营管理等方面开展关键技术研究,形成技术集成体系并进行工程示范。

通过项目的实施,预期实现既有公共建筑综合性能提升与改造的关键技术突破和产品创新,为下一步开展既有公共建筑规模化综合改造提供科技引领和技术支撑，进一步增强我国既有公共建筑综合性能提升与改造的产业核心竞争力，推动其规模化发展。

为促进项目成果的交流、扩散和落地应用，项目组组织编撰既有公共建筑综合性能提升与改造关键技术系列丛书，内容涵盖政策研究、技术集成、案例汇编等方面，并根据项目实施进度陆续出版。相信本系列丛书的出版将会进一步推动我国既有公共建筑改造事业的健康发展，为我国建筑业高质量发展做出应有贡献。

"既有公共建筑综合性能提升与改造关键技术"项目负责人

前　言

　　风灾是工程结构遭受的主要自然灾害之一。特别是近年来，随着科学技术的发展和施工工艺的进步，大量形式新颖的大型体育场馆、会展中心等不断涌现，这类建筑均要求具有大空间。采用的大跨度屋盖结构一般具有质量轻、柔性大、阻尼小、自振频率较低等特点，对风荷载十分敏感，因此，风荷载往往成为其结构设计的主要控制荷载。在这种情况下，加强结构设计人员的风工程认识，以及既有大跨度屋盖结构的抗风加固认识是很有必要的。

　　大跨度空间屋盖结构的形式多样，结构静动力性能复杂，但国内外规范对于大跨度空间屋盖结构的抗风设计只有一些原则性的条文，对既有大跨度空间结构的抗风加固设计，缺少相关规定。本书基于目前既有大跨度空间结构的抗风加固研究成果，以及课题组承担的国家"十三五"重点研发计划子课题研究成果，给出抗风加固设计的措施，为既有大跨度空间结构的抗风加固设计提供技术参考。

　　本书共有 5 章。第 1 章介绍了风的特性，大跨度空间结构的分类、风灾害及破坏机理。第 2 章结合风洞试验介绍了风压分布特性，包括风压时程，平均风压分布图，脉动风压系数随风向角的变化趋势，风压分布特性的 CFD 数值模拟方法；第 3 章介绍了大跨度空间结构风振响应分析方法。第 4 章介绍了结构静力风荷载取值规定，大跨度空间结构的抗风设计方法。第 5 章介绍了既有大跨空间结构的抗风加固措施与工程实例。

　　本书可为工程师进行大跨度空间结构抗风加固设计提供技术指导，同时对高等院校、科研单位的风工程研究人员进行大跨度空间结构抗风加固研究也很有参考价值。

　　本书参考了风工程与结构抗风研究领域的研究成果，在此对相关专家学者表示感谢！在本书的编写过程中，研究生李万钧、王绅、韩蓉、李双池参与了大量计算与编排工作，对他们表示感谢！

　　限于作者水平有限，疏漏和不足之处在所难免，热忱欢迎同行专家和广大读者批评指正。

作　者

2019 年 5 月

▪ 目　　录 ▪

第 *1* 章

绪 论

风灾是自然灾害中影响最大的一种。据西德慕尼黑保险公司对美国、英国、法国等国家损失 1 亿美元以上的自然灾害统计分析结果，由于风的发生频次高，次生灾害大，风灾发生的次数占自然灾害总次数的 51.4%，经济损失占 40.5%。据估计，全球每年由于风灾造成的损失达 100 亿美元，平均死亡人数在 2 万人以上，因而风灾是给人类生命和财产带来巨大损失的自然灾害[1]。

随着轻质高强材料的使用，建筑向跨度越来越大、高度越来越高的方向发展，其结构自振周期增长、阻尼较小、风敏感性逐步增强，风荷载成为主要控制荷载。建筑结构的抗风设计中，结构设计的重要组成部分包括大跨度结构、超高层建筑等柔性建筑物的风荷载设计，因此，开展作用于建筑物上风荷载特性的研究具有重大科学意义与工程实用价值。

1.1 风特性

风是空气相对地球表面的运动。由于大气中存在气压差与温度差，在水平方向空气由高气压区域流向低气压区域，形成流动的风。

大气边界层是最靠近地球表面的大气层，空气流动受到地面粗糙度等因素的影响，存在一定的摩擦阻力。由于地面粗糙度产生的摩擦阻力对风速的影响随着高度的增加而减小，达到某一高度后这种作用可以忽略，此高度即为大气边界层厚度，见图 1-1。在大气边界层内，风以不规则的、随机的湍流形式运动，平均风速随高度增加而增加，至大气边界层顶部达到最大，相应风速称为梯度风速 U_{ZG}，相应高度称为梯度风高度 z_G。在大气边界层以外，风以层流形式运动，风速不再随高度变化，即保持梯

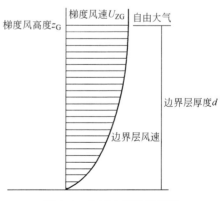

图 1-1 大气边界层示意图

梯度风速 U_{ZG}　自由大气

梯度风高度 z_G

边界层厚度 d

边界层风速

度风速。大气边界层厚度随气象条件、地形、地面粗糙度而变化，大致为 300～1000m。自然界常见的风有台风、季风、龙卷风和热带气旋等。

大气边界层是人们从事生产、生活的主要区域，地面上的建筑物和构筑物的风荷载直接受到大气边界层内空气流动的影响，对大气边界层内风场特性的研究是结构风工程重要内容之一。大量实测记录可得出，顺风向时程曲线包含两种成分：一种为长周期部分，其周期通常在 10min 以上；另一种为短周期部分，周期只有几秒左右。根据上述两种成分，在实际工程中，把风分成平均风和脉动风[2]，见图 1-2，图中 $\bar{v}$ 为平均风，$v(t)$ 为脉动风。

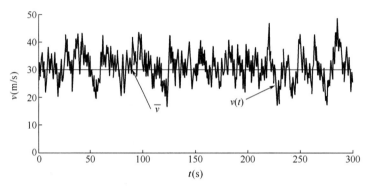

图 1-2 风速组成部分

1.1.1 平均风

平均风周期一般远离结构的自振周期，在给定的时间间隔内，其速度、方向以及其他物理量都不随时间发生改变，因此平均风对建筑物的作用可以看作静力作用。

在大气边界层中，平均风速随高度发生变化，其变化规律称为平均风速剖面。风速沿高度的变化规律根据实测资料，最常用的模拟规律有两种：对数律分布和指数律分布。

1）对数律分布

在离地高度 100m 内的表面层中，可以忽略剪切应力的变化，可以用对数律分布表示平均风速剖面，其表达式为：

$$\bar{v}(z)=\frac{\bar{v}}{k}\ln\left(\frac{z}{z_0}\right) \tag{1-1}$$

式中　$\bar{v}(z)$——离地高度 z 处的平均风速（m/s）；

　　　$\bar{v}$——摩擦速度或流动剪切速度（m/s）；

　　　k——卡曼（Karman）常数，$k=0.40$；

　　　z_0——地面粗糙长度（m）。

z_0 是地面上湍流旋涡尺寸的度量，反映了地面的粗糙程度，由式（1-1）可知，z_0 是地面上平均风速为零处的高度。由于局部气流的不均匀性，z_0 值一般由经验确定，见表 1-1。

不同地面粗糙度的 z_0 值　　　　　　　　　　　　　表 1-1

地面类型	z_0(m)	地面类型	z_0(m)
砂地	0.0001～0.001	矮棕榈	0.10～0.30
雪地	0.001～0.006	松树林	0.90～1.00
割过的草地	0.001～0.01	稀疏建筑物的市郊	0.20～0.40
矮草地、空旷草原	0.01～0.04	密集建筑物的市郊、市区	0.80～1.20
休耕地	0.02～0.03	大城市的中心	2.00～3.00
高草地	0.04～0.10		

2）指数律分布

A. G. Davenport 等提出，平均风速沿高度变化的规律可用指数函数来描述，即：

$$\frac{\overline{v}(z)}{v_h} = \left(\frac{z}{z_h}\right)^{\alpha}$$ （1-2）

式中 z_h、v_h——标准参考高度（m）和标准参考高度处的平均风速（m/s）；

z、$\overline{v}(z)$——任一高度（m）和任一高度处的平均风速（m/s）；

α——地面粗糙度指数。

用指数律分布计算风速廓线时比较简便，因此，目前多数国家采用经验的指数律分布来描述近地层中平均风速随高度的变化。我国的规范也采用指数律分布，并规定了四类粗糙度类别和对应的梯度风高度 z_G 及地面粗糙度指数 α，见表 1-2。

我国地面粗糙度类别和对应的 z_G 及 α 值　　　　　　表 1-2

地面粗糙度类别	描述	z_G(m)	α
A	近海海面、海岛、海岸、湖岸及沙漠地区	300	0.12
B	田野、乡村、丛林、丘陵及房屋比较稀疏的乡镇和城市郊区	350	0.16
C	有密集建筑群的城市市区	400	0.22
D	有密集建筑群且房屋较高的城市市区	450	0.30

1.1.2 脉动风

流动中的风存在一定的湍流，使得风的流动具有不规则性，这种不规则流动的风称为脉动风，其强度具有随机性。脉动风的频率较高，表现为动力性质，将引起结构的振动。风的脉动程度可以通过湍流强度、湍流积分尺度、脉动风速功率谱以及交叉谱等参数来表达。

湍流强度是由某位置的顺风向脉动风速均方根值与平均风速的比值来表示，湍流度剖面是指湍流强度沿高度变化的规律。目前各国的规范均采用指数律的表述方式，我国规范给出的湍流强度公式为：

$$I(z) = I_{10} \left(\frac{z}{10} \right)^{-\alpha} \tag{1-3}$$

式中 α——地面粗糙度指数；

I_{10}——10m 高度处的名义湍流度，对应于 A、B、C 和 D 类地貌，分别取 0.12、0.14、0.23 和 0.39。

日本规范规定当 $z_b < z < z_G$ 时，湍流强度为：

$$I(z) = 0.1 (z/z_G)^{-\alpha-0.05} \tag{1-4}$$

式中 α——地面粗糙度指数；

z_G——梯度风高度（m）；

z_b——标准风高度（m），我国与大多数国家规定离地 10m 高为标准高度。

湍流积分尺度又称紊流长度尺度。通过某一点气流中的速度脉动，可以认为是由平均风所输运的一些理想涡旋叠加而引起的，若定义涡旋的波长就是旋涡大小的量度，湍流积分尺度则是气流中湍流涡旋平均尺寸的量度。一般来讲，湍流积分尺度会随着高度的增加而增加，日本规范规定的湍流积分尺度经验公式为：

$$L = 100 (z/30)^{0.5} \tag{1-5}$$

脉动风速功率谱描述了脉动风能量在频率域的分布情况，反映了脉动风中不同频率成分对湍流脉动总动能的贡献。大气运动中包含了一系列大小不同的旋涡作用，每个旋涡的尺度与其作用频率存在反比关系，即大旋涡的脉动频率较低，而小旋涡的脉动频率较高。湍流运动的总动能就是所有大小不同的旋涡贡献的总和，了解湍流的脉动谱规律及其统计特征，对于明确湍流结构及其作用机理具有十分重要的意义。对于脉动风谱的确定通常有两种方法：

(1) 把强风观测记录通过超低频滤波器，直接测出风速的功率谱曲线；

(2) 把强风观测记录经过相关分析，获得风速的相关曲线，建立相关函数的数学表达式，然后通过傅里叶变换求得功率谱的数学表达式。

脉动风速谱按脉动风速的方向分为顺风向（水平向）脉动风速谱与竖向脉动风速谱。较早被人们认可并广泛采用的一种顺风向脉动风速谱是 Davenport 谱。

$$f S_v(f)/v^2 = 4\overline{f}^2/(1+\overline{f}^2)^{4/3} \tag{1-6}$$

$$\overline{f} = (fL)/v_{10} \tag{1-7}$$

式中 f——脉动风频率（Hz）；

L——湍流积分尺度（m），取 1200m；

v_{10}——10m 高度处的平均风速（m/s）。

我国规范采用 Davenport 谱，谱峰值约在 $\overline{f} = 2.16$ 处。

1.2 风对建筑结构的破坏机理

1.2.1 大跨度空间结构的发展

建筑发展历史的特征之一，就是不断寻求与完善更大的生存空间。这种对广阔生存空间的追求，对建筑结构来说，就是希望建筑物能够跨越更大的跨度。人们要营造大的空间取决于两个条件：一是要有足够强度的材料，二是要有运用材料进行建造的技术。只有具备了这两个条件，才能以一定跨度的屋盖来覆盖所需的空间。大跨度结构屋盖跨度的大小是和时代相关联的。中国古代工匠采用木材构筑梁柱结构，最大的宫殿或寺庙屋盖跨度只有 20～30m，古罗马人用砖石建造拱顶或穹顶，跨度达到了 40 多米，这也许是在当时的材料与技术条件下所能建造屋盖的最大跨度了，然而其结构本身则又厚又重。20 世纪水泥与钢铁等新型材料的出现，使人类拥有了强度远超过砖石的材料，同时力学在建筑结构上的飞速发展使得大跨度屋盖的结构体系日新月异。20 世纪初，以水泥和钢为基本材料的钢筋混凝土薄壳首先运用到大跨度屋盖结构上。其后，以钢或铝合金杆件组成的网架及网壳结构、以钢索制成的悬索结构使屋盖的跨度发展的越来越大。近年来以合成材料制成建筑织物来受力的膜结构，更将大跨度屋盖结构推向新的水平。从古罗马的万神殿到当代英国伦敦的"千年穹顶"，其直径由 42m 扩大到 320m，而屋盖结构的自重却从砖石穹顶的 $6400 kg/m^2$ 减少到膜结构的 $20 kg/m^2$。这说明了大跨度屋盖结构发展的历程及其在技术上的进步[3]。

大跨度屋盖结构的建造及其采用的技术，已经成为衡量一个国家建筑技术水平的重要指标，同时，这些建筑也成为其所在地的标志性建筑和人文景观。就国内而言，如上海的八万人体育馆、北京的国家大剧院、南通会展中心主体育场、三亚的美丽之冠等；国外而言，如英国伦敦的千年穹顶、日本福冈的体育馆、澳大利亚的悉尼歌剧院、美国亚特兰大佐治亚穹顶等，就像一颗颗璀璨的明珠，点缀着世界各地[4]。

1.2.2 大跨度屋盖结构的分类

根据屋盖结构的刚度大小，大跨度屋盖结构可分为刚性屋盖结构、非大变形柔性屋盖结构、大变形柔性屋盖结构三类。在进行风振分析时，对于刚性屋盖结构，必须考虑脉动风荷载的空间相关性，但可以忽略结构对脉动风的动力放大效应，把脉动风对结构的作用视为一个准静力过程来分析，即只考虑背景响应部分，忽略共振响应；对于非大变形柔性屋盖结构，由于振动幅度小，结构和来流之间的互相耦合作用可以忽略，但风振引起的惯性力不能忽略，即风振响应同时包括背景响应和共振响应两个部分；对于大变形柔性屋盖结构，由于振动幅度比较大，所以还必须考虑结构和来流之间的互相耦合作用。

根据不同结构形式，可以将大跨度屋盖分为：实体结构类、网格结构类、张力结构类三种。网格结构类的网架结构已成为在大跨度空间结构中非常重要的主力军。网架结构是由多根杆件按照一定规律组合而成的高次超静定空间杆系结构，具有刚度好、承载力高的力学特性，而且用材经济，施工安装都很方便。因而网架结构发展迅猛，在工程实践中得到了广泛应用。

1.2.3 大跨度屋盖结构风灾事故

近年来，由于结构抗风设计不当，在国内外风对结构主体及构件的破坏屡见不鲜。

1）国外风灾事故

1940 年，美国华盛顿州塔科马海峡才建成 4 个月的塔科马悬索桥，在不到 20m/s 的 8 级大风作用下发生强烈风致振动而破坏；1995 年，著名的佐治亚穹顶在暴风雨的袭击下破坏；1989 年，美国加利福尼亚州遭受 Hugo 飓风袭击，实地调查结果表明，损害的情形各异，有的局部屋面覆盖物或屋面桁架被吹走或破坏，有的甚至整个屋面结构被吹走，从破坏部位来看，大多数屋面风致破坏发生在屋面转角、边缘和屋脊等部位[5]；1999 年冬，加拿大蒙特利尔奥林匹克体育场的膜屋盖，经历一场暴风雪之后，其中的一块膜屋盖突然破裂；2002 年，韩国济州岛世界杯体育场两次遭到台风袭击，部分膜结构严重损毁；在 2005 年卡特琳娜飓风袭击中，美国新奥尔良"巨蛋"穹顶的部分屋盖被风吹掉[6]（图 1-3a）。

2）国内风灾事故

1996 年，15 号强台风正面袭击广东省湛江市，湛江市体育馆整个 5000m² 的屋面被吹走了 2/3；2002 年，苏州新建的尚未投入使用的体育场部分屋顶被强风掀去[7]；2003 年上海大剧院大屋盖顶东侧中部一大块覆面材料被强风撕裂成两段，造成损坏面积 250 多平方米；2004 年河南省体育中心东罩棚中间位置最高处铝塑板和固定槽钢被风撕裂并吹落 100m²，三个 30m² 的大型采光窗被整体吹落，雨篷吊顶被吹坏[8]（图 1-3b）；2004 年 8 月，在台风"云娜"作用下，温州大学体育场看台膜结构发生整体破坏。

大跨屋盖结构一旦遭到破坏，将造成一定的经济损失，甚至人员伤亡。因此，无论是为了保证工程安全，保障生命和财产安全，还是为了进一步深入了解风荷载特性和风振响应特性，大跨屋盖结构的风荷载以及风振响应的研究都具有重要意义。

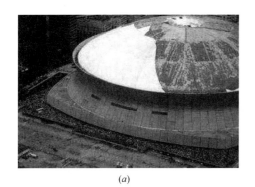 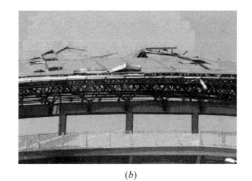

(a) (b)

图 1-3 大跨度屋盖结构破坏实例

(a) 新奥尔良体育馆屋顶破坏；(b) 河南省体育中心风破坏

1.2.4 破坏机理

国内外统计资料表明，在所有自然灾害中，风灾造成的损失为各种灾害之首。风灾不仅持续时间长、破坏强度大，而且往往很难准确预测。风对结构的破坏有很多种形式，根据结构遭受风灾破坏的统计分析，主要有以下 4 种情况[9]：

（1）结构在风的作用下产生振动（如抖振、颤振），在振动作用下产生结构破坏；

（2）结构局部出现裂纹或者产生了残余的变形；

（3）结构的围护结构出现局部破坏；

（4）在风荷载的反复作用下，其构件产生疲劳破坏。

对于一些低矮大跨度屋盖结构，其处于大气边界层中风速变化大且湍流度高的区域，气流在屋盖表面出现分离和再附着现象（图 1-4），结合风灾事故及理论分析，在风荷载作用下，可以分析出导致大跨屋盖结构出现风灾事故的 2 个主要原因：

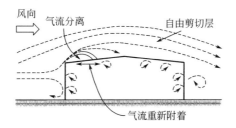

图 1-4 大跨度屋盖表面气流分离和再附着示意

1）流动分离导致的局部峰值负压

风荷载作用下，由于在屋盖表面往往会出现旋涡，导致结构表面承受较大负压。特别是在屋盖前缘和悬挑部分、转角部分，流体分离和再附着效应明显，在此区域会出现明显的极值负压，造成屋盖的破坏。

2）屋盖结构在风荷载作用下的动力效应

大跨屋盖结构具有质量轻、刚度小、阻尼小等特点，屋盖结构固有频率与风速的卓越频率较为接近，因而风荷载成为控制屋面结构设计的主要荷载。大跨度结构的屋盖部分相对于立墙等主体结构往往刚度偏小，在脉动风作用下共振效应较为明显，在台风地区，经常会发生共振破坏。

1.3 抗风设计方法

大跨度屋盖结构往往比较低矮，在大气边界层中处于风速变化大、湍流度高的区域，再加上屋顶形状往往不规则，其绕流和空气动力作用十分复杂，所以大跨度屋盖结构对风荷载十分敏感，尤其是对风的动力响应。

结构顺风向风振总响应由平均风响应 $\bar{r}$ 和脉动风响应组成，脉动风响应又可进一步分解为频率较低的背景响应 $\bar{r}_B$ 和频率较高的共振响应 $\bar{r}_R$ 两部分[10]，见图1-5。

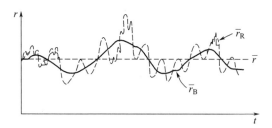

图1-5 结构风振响应时程图

背景响应主要与风力谱有关，体现了来流风低频脉动对结构响应的贡献；而共振响应主要与结构自身的动力特性相关，体现了来流风中与结构自振频率相近部分激起的结构共振放大效应，见图1-6。

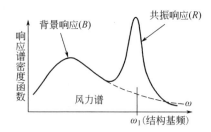

图1-6 背景响应与共振响应分解示意图

图 1-7 给出了不同刚度的结构风振响应时程。当结构刚度大（即自振频率高）时，得到的位移响应曲线类似在风力时程上叠加了较小的短周期高频脉动响应，结构整体响应以长周期脉动（背景响应）为主，见图 1-7（b）；反之，当结构自振频率较低（即柔性结构）时，其位移响应曲线中的高频脉动分量更加突出，此时需要同时考虑结构的背景响应和共振响应，见图 1-7（c）。

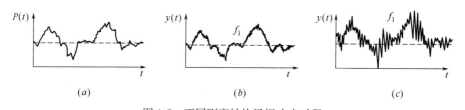

图 1-7 不同刚度结构风振响应时程
（a）脉动风荷载时程；（b）刚性结构位移响应；（c）柔性结构位移响应

对于刚性屋盖结构，由于刚度较大，其风致动力响应计算可以忽略风振的动力放大效应，把脉动风对结构的作用视为一个准静力过程来分析，共振响应部分忽略不计，如刚架结构。

对于非大变形柔性屋盖结构，由于振动幅度小，结构和来流之间的相互耦合作用可以忽略，但风振引起的动力放大效应不能忽略，即风致动力响应计算应同时包括背景响应和共振响应两部分，如网架、网壳结构。

对于大变形柔性屋盖结构，由于结构在脉动风荷载作用下振动幅度比较大，所以必须考虑结构和来流之间的相互耦合作用，如果仅利用刚性模型的风洞试验结果就不能正确地预测结构表面的风荷载，大变形柔性屋盖结构的风致振动响应一般也包括背景响应和共振响应两部分，与非大变形柔性屋盖结构的主要差别在于风荷载的确定要考虑结构和风荷载的相互耦合作用，这类结构如悬索结构、张拉膜结构等。

对于大跨度屋盖结构的抗风设计问题，国内外学者在借鉴和参考高层、高耸结构抗风设计方法的基础上，参考工程实践、结构模型风洞试验，以及反映风荷载作用机理的风振响应计算理论，建立了大跨度屋盖结构抗风设计的理论框架，见图 1-8。

抗风设计理论框架主要包括：首先从外形各异的大跨度屋盖结构形式中得到其表面风压的分布形式，或者说确定作用在结构表面的风荷载；然后考虑结构的动力特性，计算结构在该风荷载作用下的风振响应，包括不同节点的位移、速度、加速度、杆件的内力等；最后，为方便工程应用，还要给出与该响应等效的静力风荷载分布形式，即所谓的等效静力风荷载，再与其他荷载组合进行结构内力计算与设计。

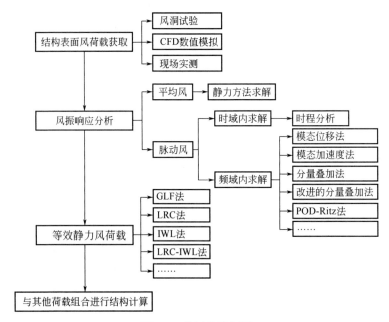

图 1-8　抗风设计框图

大跨度空间结构风荷载分布特性

大跨度空间结构是典型的风敏感结构，风荷载分布和风致振动对结构的作用常常是控制结构安全性的主要因素。本章将对风荷载分布特性及其研究方法进行介绍。

2.1 大跨度空间结构的风荷载分布研究方法

随着大跨建筑的外形越来越多样化，来流在大跨屋盖结构表面会产生不同的旋涡类型，导致风荷载在屋盖表面的分布变得难以确定。在相同风场作用下的建筑物，由于其建筑造型各异，风荷载分布特性也各有不同。因此很难使用统一的大跨结构模型去计算不同造型屋盖的风荷载分布特性。目前来看，常用的确定屋面风荷载分布规律的方法有现场实测、风洞试验、数值模拟等三种方式。

现场实测是一种最直接的研究方法，比较直观和真实。实测人员可在建筑物表面用传感器直接测量风响应和风荷载，可对工程模拟结果比较精确、真实的验证。但这种方法要花费大量的人力、物力和时间，而且难以控制和改变建筑所处的气象和地形的条件，用这种方法来进行规律性的研究和解决实际工程问题是非常困难的，有一定的局限性，不能普遍应用。

风洞试验方法是由相似准则，在风洞试验室中模拟实际的建筑结构、大气边界层的风环境以及实际建筑结构的风效应，并且给出较为准确的结果。在抗风设计中，风洞试验是最常用的研究方法。风洞试验的优点：包括现场实测方法的直观性，又节省了人力、物力和时间，在风洞试验过程中，可以随意改变试验的场地和风场环境来满足实际工程的需要，因此，相比于现场实测方法，风洞试验可变性较强。但是由于设备模拟能力的限制和相似参数不能全部满足等原因，风洞试验方法也存在一定的局限性。风洞试验分为刚性模型试验和气弹模型试验两种：（1）刚性模型试验只模拟其气动外形，在风作用下的变形及位移不考虑。国内外刚性模型风洞试验在大跨度屋盖结构的抗风研究中得到广泛的运用，并且取得了丰硕的成果。（2）气弹模型试验需要模拟结构的质量、刚度和阻尼等特性，采用的风速也要通过模型的相似比来确定。气弹模型试验模拟柔性和动力敏感结构在风作用下产生的振动方面有很大优势，但其试验本身模型制作困难，费时费钱，在实际工程中的运用不多。

数值模拟是以计算流体力学（Computational Fluid Dynamics，简称 CFD）为基础，进行建模计算，分析模型周围流体流动的技术。CFD 数值模拟的优点：最主要的是它费用低、周期短、效应高，数值模拟的模型尺寸可以根据所需进行调整。此外，它可以呈现流动情景，给出详细的数据和资料。CFD 数值模拟可以解决大部分风场绕流问题，但不排除数据的误差。根据研究表明，只要建立适当的模型，数值模拟技术模拟风场是可以应用到实际工程中进行预测和设计的。

2.2 风洞试验与风压分布分析

对于体型复杂的大跨度屋盖结构，由于其建筑外形以及所处周边环境的不同，造成这类结构的风荷载分布特性差异明显，所以目前大跨度屋盖结构的抗风研究，主要集中在几种体型简单的屋盖结构上，如平屋盖、坡屋盖和穹顶屋盖等。

北京建筑大学大跨度空间结构抗风研究课题组设计了三种平屋盖刚性结构模型，在北京交通大学风洞试验室进行风洞试验研究。考虑到常见大跨度空间结构，如体育馆、会展中心等常处于城市郊区地带，属于 B 类地貌。参考《建筑结构荷载规范》GB 50009—2012[11]，确定风洞试验大气边界层模拟流场地面粗糙度系数 α 为 0.16。

2.2.1 试验模型和试验风场

风洞试验设计了三个刚性结构模型，分别为普通平屋盖模型（模型一）、有女儿墙的平屋盖模型（模型二）和有挑檐平屋盖模型（模型三），模型缩尺比取为 1：100，均采用有机玻璃制成。其中模型一是主体结构长、宽、高为 540mm×300mm×150mm，屋盖为 550mm×310mm 的长方形，模型二与模型三的主体屋盖同模型一，模型二设 12mm 高女儿墙，模型三设宽度为 55mm 的挑檐（屋盖平面尺寸为 605mm×365mm）。三种大跨度屋盖结构模型与风洞试验的风场布置见图 2-1。

本次刚性模型风洞试验的试验场地为北京交通大学的风工程试验研究中心，图 2-2 为大气边界层风洞示意图，该风洞通道平面尺寸为长 41m、宽 18.8m，试验段为双段回流。其中，高速段尺寸为 3.0m×2.0m×15.0m，低速段为大实验段，通道尺寸为 5.2m×2.5m×14.0m。除风洞通道外，该实验室还配有完整的测压、测速以及响应测试系统，能够满足此次风洞实验的要求。

通过调整尖劈、挡板和粗糙元模拟了 B 类风场，如图 2-3 所示。试验中最大阻塞率为 2%，满足阻塞率小于 5% 的试验要求。

(a)　　　　　　　　　　　　　　　　　　　(b)

(c)

图 2-1　三种大跨屋盖模型与风洞试验风场布置

(a) 普通平屋盖模型（模型一）；(b) 有女儿墙平屋盖模型（模型二）；

(c) 有挑檐平屋盖模型（模型三）

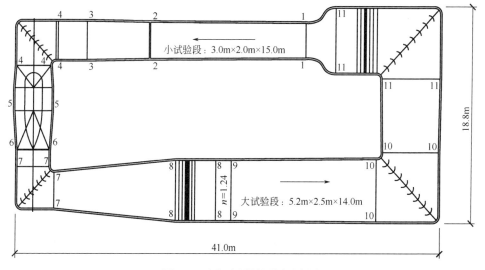

图 2-2　大气边界层风洞示意图

试验前对模型试验区的风速和湍流度进行了测量，获得了模型处风速和湍流度随高度的变化曲线，如图 2-4 所示。可以看出，模拟的风速剖面和湍流度剖面与我国规范规定的 B 类风场吻合较好。

图 2-3　风场布置图

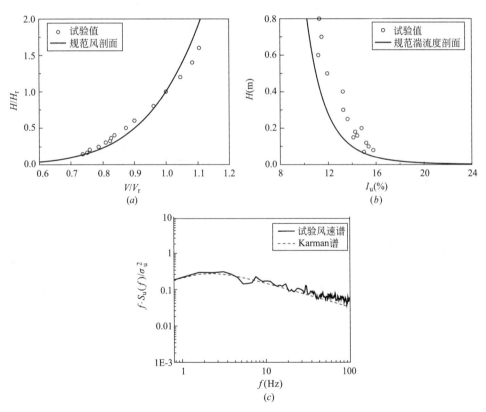

图 2-4　B 类风场平均风速和湍流强度剖面图

（a）平均风速剖面；（b）湍流度剖面；（c）模型高度处脉动风速谱

2.2.2 测点布置和试验工况

屋盖边缘风压梯度变化较大位置处测点密集布置。模型一与模型二的屋盖表面测点布置一致，布置测点 165 个，具体布置如图 2-5 所示。图中测点编号 A 代表模型一，测点编号 A 换为 B，则代表模型二测点。

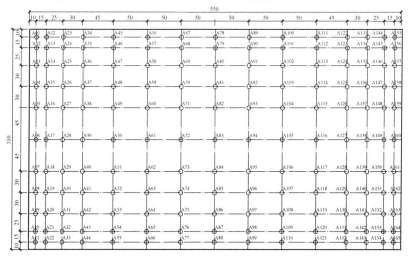

图 2-5 模型一的屋面测点布置图

模型三的主体屋盖表面布置测点 99 个，在挑檐部分采用双面布置测点，挑檐顶面布置测点 96 个，底面布置测点 44 个，具体布置如图 2-6 所示。

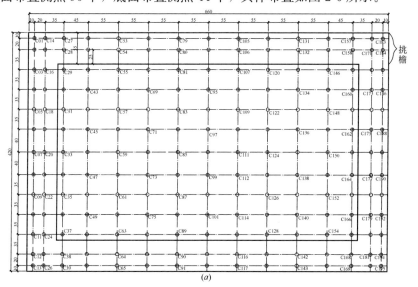

图 2-6 模型三的屋面测点布置图（一）

（a）模型三屋面测点布置图

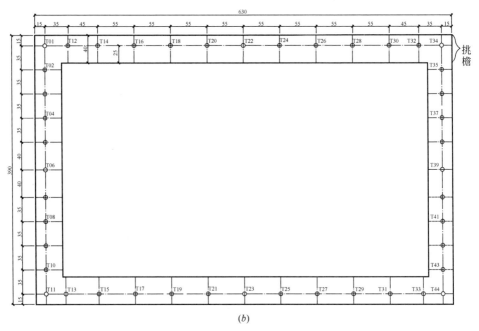

(b)

图 2-6　模型三的屋面测点布置图（二）

（b）模型三挑檐底部测点布置图

风洞试验过程中，风向角定义如图 2-7 所示，在 0°～360°范围内，试验风向角间隔取为 10°，并加测 45°、135°、225°、315°，即试验共模拟了 40 个风向的作用。本次风洞试验有三个试验模型，共计进行 40×3＝120 个工况试验。

2.2.3　试验数据处理

在进行试验数据处理之前，参考相关文献 [12]，对测压试验数据进行管道修正，排除信号畸变的影响。数据处理过程中，以"压正吸负"的原则，定义风垂直屋盖表面向下产生压力作用时，风压系数为正；垂直屋盖表面向上产生吸力作用时，风压系数为负。模型任一测点 i 的风压系数由该测点的风压力以及参考点高度处的总压、静压求得，具体表达式为：

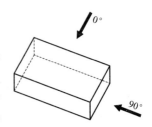

图 2-7　风向角定义图

$$C_{Pi}(t) = \frac{P_i(t) - P_\infty}{P_0 - P_\infty} \qquad (2-1)$$

式中　$C_{Pi}(t)$ ——任意时刻 t 屋盖表面测点的风压系数；

　　　$P_i(t)$ ——任意时刻 t 屋盖表面测点的风压（kN）；

　　　P_0、P_∞——参考点高度处的总压、静压（kN）。

16

根据式（2-1）所求得的风压系数，可得到模型屋盖表面各测点的平均风压系数和均方根压力系数，如式（2-2）、式（2-3）所示。

平均风压系数：

$$\overline{C}_{pi} = \frac{\sum_{i=1}^{M} C_{pi}(t)}{M} \tag{2-2}$$

脉动均方根压力系数：

$$C_{prms} = \sqrt{\frac{\sum_{i=1}^{M} (C_{pi}(t) - \overline{C}_{pi})^2}{M-1}} \tag{2-3}$$

式中 M——测点 i 的样本采集数。

由式（2-4）、式（2-5），可计算测点的脉动风压极值：

$$C_{p,max} = \overline{C}_{pi} + gC_{prms} \tag{2-4}$$

$$C_{p,min} = \overline{C}_{pi} - gC_{prms} \tag{2-5}$$

式中 g——峰值因子，参考相关文献[13]，取值3.0。

试验中通过设置参考点来计算风场中的总压和静压，进而去计算风压系数。对于大跨度屋盖结构，参考点取模型最高处，对于本次试验，参考点选在三个模型屋盖表面高度15cm处，风速测得为7m/s，模型缩尺比为1∶100，计算得参考点高度对应于实际高度为15m，风速为30.1m/s，于是风速相似比 $C_v = V_{test}/V_{ref} = 7/30.1 = 1/4.3$，由相似原理 $C_v/C_fC_L = C_vC_T/C_L = 1$，得到时间比例尺为 $C_T = L_L/L_v = (1/100)/(1/4.3) = 1/23.3$，需要将风洞试验所得荷载时程曲线的时间坐标放大23.3倍，方为实际的时间坐标。

2.2.4 风压时程

根据各测点随时间变化的风压值，由式（2-1）可得风压系数，从而可以绘出120种试验工况的每个测点的风压时程曲线。这里给出三种模型在0°、45°、90°三个风向的屋面中心点的风压系数时程曲线，见图2-8～图2-10。

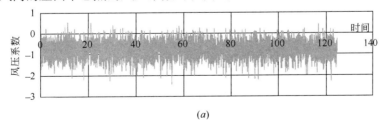

(a)

图2-8 屋面中心点在不同风向角作用下的风压系数时程曲线（模型一）（一）

（a）0°风向风压系数时程曲线

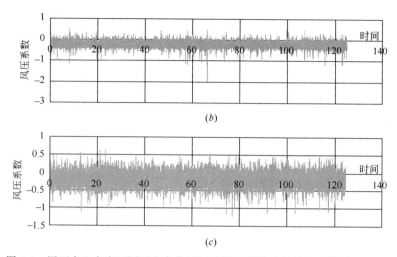

图 2-8 屋面中心点在不同风向角作用下的风压系数时程曲线（模型一）（二）

（b）45°风向风压系数时程曲线；（c）90°风向风压系数时程曲线

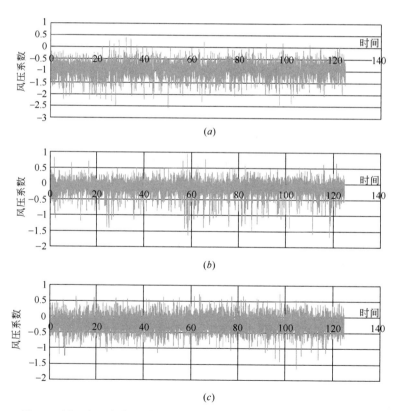

图 2-9 屋面中心点在不同风向角作用下的风压系数时程曲线（模型二）

（a）0°风向风压系数时程曲线；（b）45°风向风压系数时程曲线；（c）90°风向风压系数时程曲线

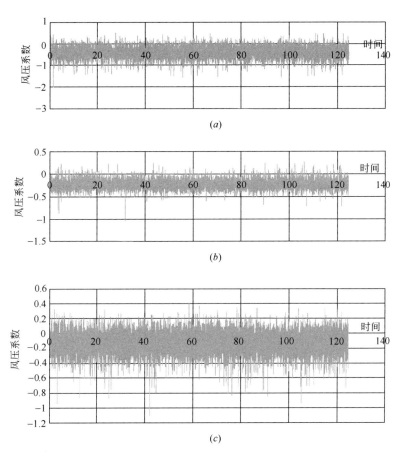

图 2-10　屋面中心点在不同风向角作用下的风压系数时程曲线（模型三）

（a）0°风向风压系数时程曲线；（b）45°风向风压系数时程曲线；（c）90°风向风压系数时程曲线

2.2.5　平均风压分布特性

1）平均风压系数分布图

利用式（2-2）可计算三种模型屋盖所有测点的平均风压系数。三种模型在不同风向角作用下，屋面风压主要呈现为负压，即风吸力。因数据量较大，为了清晰直观地表示屋盖的风压分布规律，利用平均风压系数分布等值线图来表示，如图 2-11～图 2-15 所示。

图 2-11 和图 2-13 绘出 0°和 90°风向角下三个模型屋面平均风压分布。在这两种风向作用下，来流垂直于屋面迎风边缘，在屋面前缘分离形成明显的柱状涡，风压分布基本平行于迎风边缘。模型二屋面由于女儿墙的存在平均风压系数绝对值相比模型一有所降低。在 90°风向角作用下，模型二屋面气流出现分离再附现

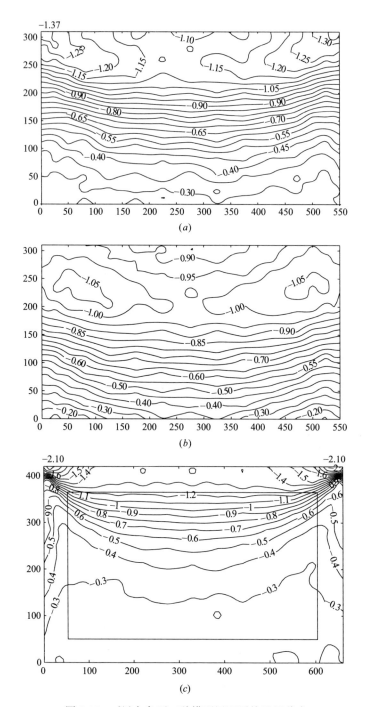

图 2-11 0°风向角下三种模型屋面平均风压分布

（a）0°风向角屋面平均风压分布（模型一）；（b）0°风向角屋面平均风压分布（模型二）；

（c）0°风向角屋面平均风压分布（模型三）

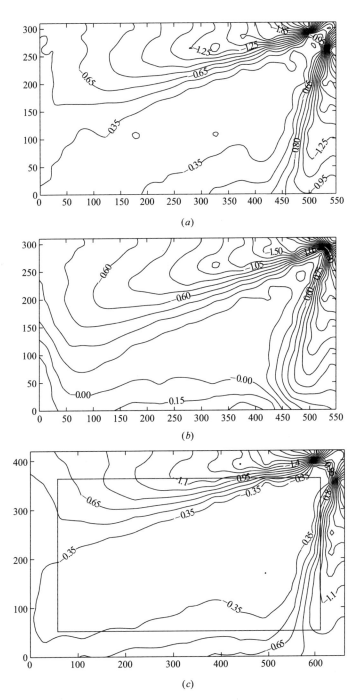

图 2-12　45°风向角下三种模型屋面平均风压分布

(*a*) 45°风向角屋面平均风压分布（模型一）；(*b*) 45°风向角屋面平均风压分布（模型二）；

(*c*) 45°风向角屋面平均风压分布（模型三）

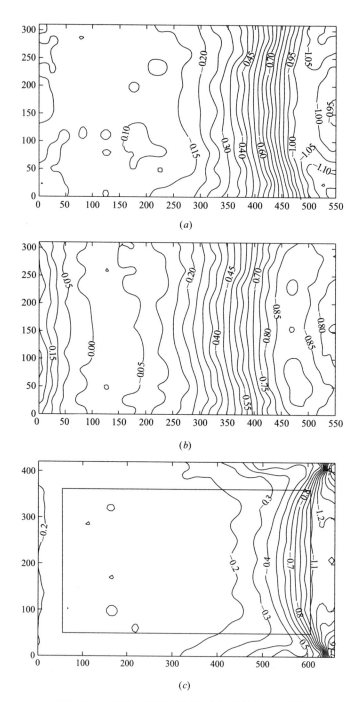

图 2-13　90°风向角下三种模型屋面平均风压分布

（a）90°风向角屋面平均风压分布（模型一）；（b）90°风向角屋面平均风压分布（模型二）；

（c）90°风向角屋面平均风压分布（模型三）

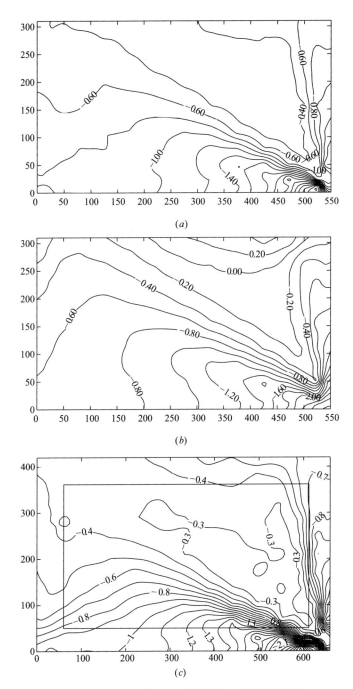

图 2-14 150°风向角下三种模型屋面平均风压分布

(a) 150°风向角屋面平均风压分布（模型一）；(b) 150°风向角屋面平均风压分布（模型二）；
(c) 150°风向角屋面平均风压分布（模型三）

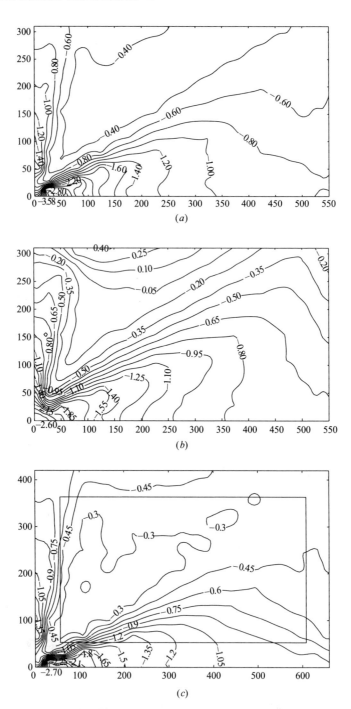

图 2-15 210°风向角下三种模型屋面平均风压分布
(a) 210°风向角屋面平均风压分布（模型一）；(b) 210°风向角屋面平均风压分布（模型二）；
(c) 210°风向角屋面平均风压分布（模型三）

象，屋面下游区域出现正压。模型三屋面来流在挑檐处发生分离，悬挑部分尤其悬挑角部区域形成较大负压，从风压分布图来看，挑檐部分的平均风压系数均大于模型一屋面；但由于挑檐的设置，风压梯度增大，屋面下游大部分区域风压分布均匀，且相对较小。

由图 2-12、图 2-14 和图 2-15 可以看出，在 45°、150°和 210°这三个斜向风向作用下，三种模型屋面迎风前缘平均风压系数极值大于垂直风向作用，来流在屋面前缘分离形成明显的锥形涡。

当风向角为 210°时，模型一屋盖表面出现最大负风压系数，既 210°为最不利风向角。在 210°风向角下，风向与屋盖迎风前缘之间存在一定夹角，在屋面形成锥形涡，迎风角部位置气流作用复杂，产生较大吸力。模型一的屋面角部区域平均风压系数达到了 −3.58；模型二由于女儿墙的影响，角部区域平均风压系数为 −2.60，并且在下游区域出现小部分正压区；模型三由于气流在挑檐处分离，挑檐承担了大部分吸力，角部平均风压系数为 −2.70，而屋面中心部分风吸力相对于模型一有所降低。

2）平均风压随风向角变化规律

为直观对比三种模型屋面在所有风向下的最大吸力，将三种模型屋面各个测点在全风向角下的最大平均负风压系数提取出来，绘于图 2-16 中。

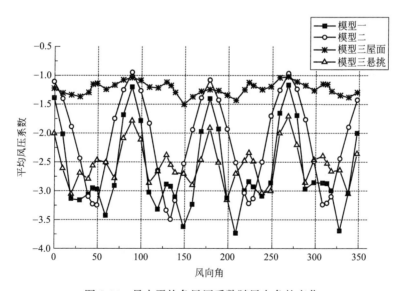

图 2-16 最大平均负风压系数随风向角的变化

从图 2-16 可看出，模型二在绝大多数风向角下，屋面最大负风压系数绝对值都小于模型一，仅少数风向角下与模型一接近或略大于模型一。模型三当风向与屋面迎风前缘有一定夹角，即在风向处于 30°~60°之间时，屋面风压减小效果明显；当风向与迎风前缘趋近于垂直时，屋面最大负风压系数绝对值出现大于模型一的情况。

模型三由于挑檐部分承担了大部分吸力，降低了主体屋面的最大平均负压，使主体屋面的最大平均负风压系数在全风向角内变化幅度很小，维持在一个较稳定的范围内。但挑檐迎风前缘风压较大，且上表面受吸力，下表面受压力，上下表面风压叠加后，易使挑檐发生破坏，设计挑檐时应综合考虑这一不利影响。

2.2.6 脉动风压分布特性

1）不同风向角下的脉动风压分布

利用式（2-3），由风洞试验数据计算可得脉动风压均方根值，图 2-17～图 2-20 为几个典型风向角下脉动风压系数分布等值线图。

由图 2-17～图 2-19 的平均风压分布等值线图，可以看到：脉动风压分布规律与平均分压分布类似，平均风压大的位置，如迎风前缘、挑檐角部区域，脉动风压也较大；通过模型一和模型三脉动风压等值线分布图看，在迎风前缘气流分离区域，脉动风压系数很大，风压系数变化梯度也很大。

2）屋面极小风压分布

对于屋面板和屋面围护结构，必须考虑脉动风压的作用，常用峰值因子法来计算，如式（2-4）、式（2-5），计算可得极小风压系数，从而绘制出极小风压系数分布等值线图。图 2-20 为 210°风向角下三种模型的极小风压分布图。对比平均风压分布图可知，三种模型极小风压系数分布规律与平均风压系数分布规律相近。挑檐部分承担了大部分吸力，主体屋面风压在全风向角内都维持在一个稳定的范围内，变化幅度较小。

3）屋面脉动风压系数随风向变化趋势

图 2-21 为三种不同模型屋盖表面 4 个最敏感角点以及屋面中心点（A83、B83、C98），脉动风压系数随风向变化的趋势图。总体来看，在全风向角下，模型二与模型三角部测点脉动风压系数在 1.0 以下，而模型一的角部测点脉动风压系数最大值达到了 1.3 左右。对比三个图可以发现，模型三的角部测点随风向变化脉动风压系数会出现两次峰值，模型一和模型二各出现一次；三种模型屋面中心点脉动风压系数均相对稳定。

2.2.7 脉动风压分布频谱特性

利用风洞试验数据可绘制脉动风压谱曲线。比较三种模型典型测点在 45°、90°两个风向角下的脉动风压谱，可在频域上分析女儿墙和挑檐对大跨度平屋盖表面脉动风压场分布的影响。

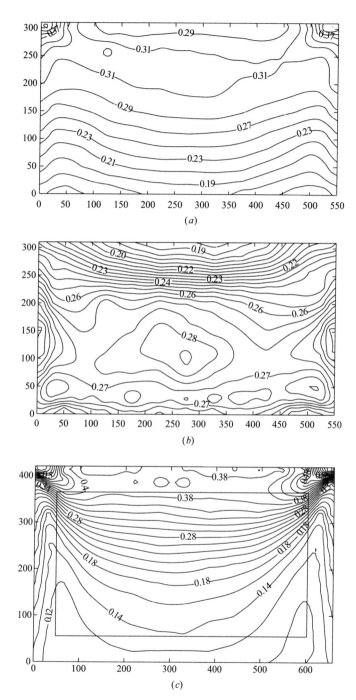

图 2-17 0°风向角下三种模型屋面脉动风压分布

（a）0°风向角屋面脉动风压分布（模型一）；（b）0°风向角屋面脉动风压分布（模型二）；
（c）0°风向角屋面脉动风压分布（模型三）

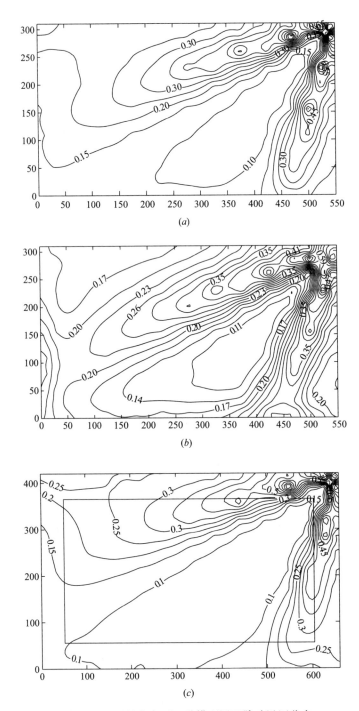

图 2-18　45°风向角下三种模型屋面脉动风压分布
（a）45°风向角屋面脉动风压分布（模型一）；（b）45°风向角屋面脉动风压分布（模型二）；
（c）45°风向角屋面脉动风压分布（模型三）

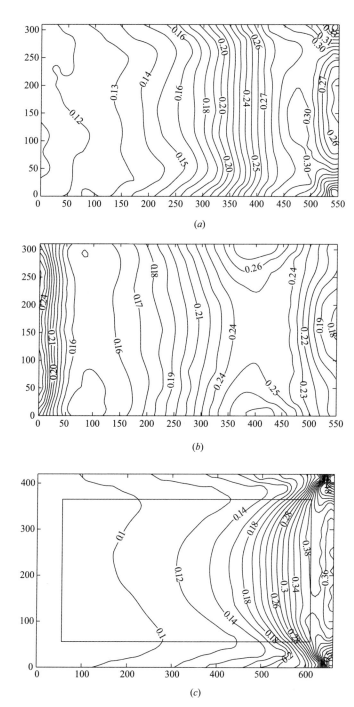

图 2-19　90°风向角下三种模型屋面脉动风压分布

（a）90°风向角屋面脉动风压分布（模型一）；（b）90°风向角屋面脉动风压分布（模型二）；

（c）90°风向角屋面脉动风压分布（模型三）

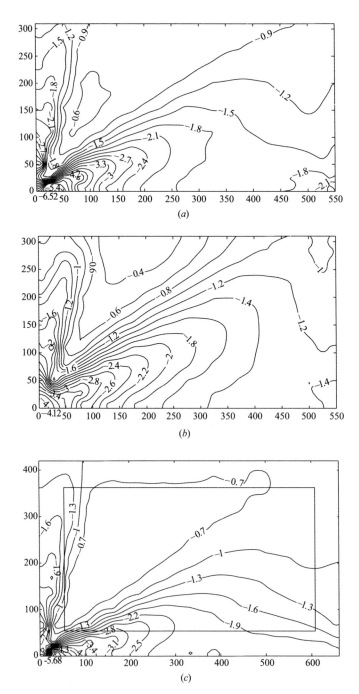

图 2-20　210°风向角下三种模型屋面极小风压分布

（a）210°风向角屋面极小风压分布（模型一）；（b）210°风向角屋面极小风压分布（模型二）；

（c）210°风向角屋面极小风压分布（模型三）

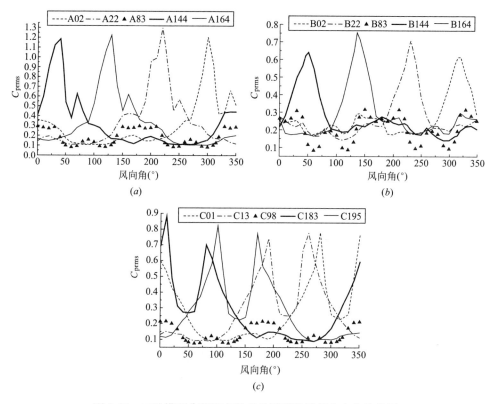

图 2-21 三种模型典型测点脉动风压系数随风向变化趋势图
（a）典型测点脉动风压系数（模型一）；（b）典型测点脉动风压系数（模型二）；
（c）典型测点脉动风压系数（模型三）

图 2-22 和图 2-23 给出了三种模型上典型测点的功率谱图。图中，横坐标为无量纲折减频率 fB/U，B 为屋盖高度，U 为屋盖高度处风速，f 为频率；纵坐标为 $fS(f)/\sigma^2$，其中 $S(f)$ 为风压自功率谱，σ^2 为对应测点风压系数的均方差。

由图 2-22 可看出：

（1）在 $90°$ 风向角下，屋面由于柱状涡作用，在三种模型的迎风前缘测点 A155、B155、C183，低频能量占主导，谱峰值处对应的折减频率在 0.1 左右。

（2）随测点向屋面中心测点移动，屋盖表面旋涡尺度逐渐减小，谱峰值所对应的折减频率也移到中间频段，所对应的折减频率在 0.3～0.4 之间，如图中测点 A83、B83、C98 所示。

（3）三种模型迎风前缘与屋面中心测点谱变化规律基本相同，而在旋涡作用的后部区域测点，模型一与模型三的高频峰值突出，模型二中频峰值突出。

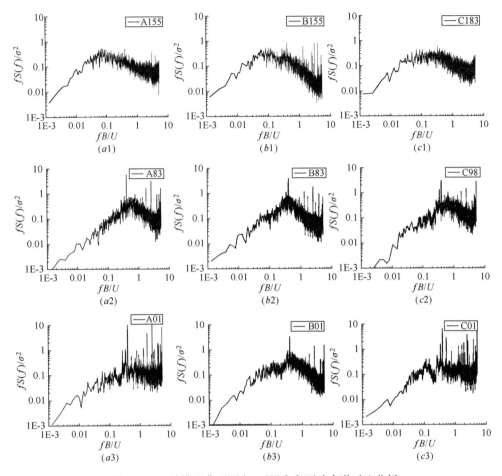

图 2-22　三种模型典型测点 90°风向角下功率谱对比分析

(a1) 测点 A155（模型一）；(b1) 测点 B155（模型二）；(c1) 测点 C183（模型三）；

(a2) 测点 A83（模型一）；(b2) 测点 B83（模型二）；(c2) 测点 C98（模型三）；

(a3) 测点 A01（模型一）；(b3) 测点 B01（模型二）；(c3) 测点 C01（模型三）

由图 2-23 可看出：

（1）在 45°风向角下，由于锥状涡作用，模型三与模型一的迎风前缘测点 A144、C170 以低频能量为主，谱峰值处所对应的折减频率在 0.1 左右，而模型二前缘测点 B144 没有出现明显谱峰值。

（2）在旋涡作用尾部区域，模型一与模型三高频峰值占据很大成分，如测点 A12、C14，模型二尾部中频峰值突出，如测点 B12。

（3）在旋涡作用区域之外的测点，三种模型谱变化规律基本一致，谱峰值出现在高频段。

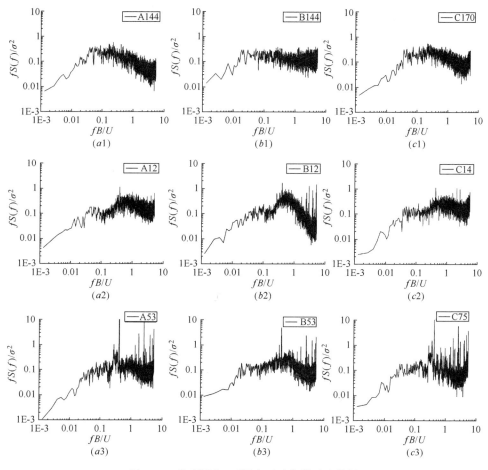

图 2-23　典型测点 45°风向下功率谱对比分析

(a1) 测点 A144（模型一）；(b1) 测点 B144（模型二）；(c1) 测点 C170（模型三）；
(a2) 测点 A12（模型一）；(b2) 测点 B12（模型二）；(c2) 测点 C14（模型三）；
(a3) 测点 A53（模型一）；(b3) 测点 B53（模型二）；(c3) 测点 C75（模型三）

2.2.8　风洞试验分析结论

通过三种不同类型的平面屋盖结构刚性模型风洞试验，分析试验数据，得出主要结论如下：

（1）三种模型在不同风向角下，屋面平均风压分布规律不同，设女儿墙模型在绝大多数风向角下，屋面风压都低于普通平屋盖模型，并且由于气流的再附作用，屋面会出现一定的正压。当风向与屋盖迎风前缘存在夹角时，设挑檐屋面对平均风压减弱效果明显，而当风向与迎风前缘趋近于垂直时，屋面风压会出现大于普通平屋盖模型的情况。

（2）对于设挑檐屋盖，由于挑檐部分承担了大部分吸力，主体屋面风压在全风向角内都维持在一个稳定的范围内，变化幅度很小。但挑檐部分由于上下表面风压叠加作用，负风压较大，工程中应综合考虑这一不利影响。

（3）三种模型的脉动风压分布与平均风压分布规律基本保持一致，平均风压大的地方脉动风压也比较大。

（4）由于屋盖旋涡作用的不同，风压谱的形状也有所不同，平面屋盖模型设置女儿墙之后，会对屋面旋涡以及脉动能量分布产生影响。

柱状涡作用下，设挑檐模型与普通模型的谱分布规律一致，从屋面迎风前缘至旋涡作用后部测点，谱峰值由低频向高频变化；而设女儿墙模型在旋涡作用后部测点，以中频峰值为主，没有出现高频峰值突出的现象；在锥形涡作用下，设女儿墙屋盖前缘测点没有出现明显低频峰值，旋涡作用尾部测点中频能量比较突出，与另外两种模型不同。

（5）风洞试验表明挑檐与女儿墙对屋面风压都有减小作用，挑檐对主体屋面风压减小更为明显。可为研究此类结构在脉动风荷载作用下的风振响应，以及实际工程的抗风设计提供参考。

2.3 CFD 数值模拟方法

2.3.1 CFD 数值模拟简介

风工程研究中风荷载数值模拟技术是所有研究方法中运用最重要、最广泛的方法之一。计算流体力学（Computational Fluid Dynamics，简称 CFD）是风荷载数值模拟中最重要的部分。

CFD 数值模拟是指通过计算机进行数值模拟，分析流体流动和传热等物理现象的技术。计算流体力学的基本思想可以归结为：把原来在时间域及空间域上连续的物理量的场，如速度场和压力场，用一系列有限离散点（在有限元中称为节点）上的变量值的集合来代替，通过一定的原则和方式建立起关于这些离散点上变量之间关系的代数方程组，然后求解这些代数方程组以获得变量的近似值[14]。

利用 CFD 数值模拟计算流体力学有很多的优势[15]：

第一，适用范围特别广泛，能够计算出用理论流体力学法所不能求解的复杂几何形状和复杂的流动问题。

第二，操作简单，试验周期短，能够大大地节省人力、物力、时间和费用。

第三，一些软件可通过设置合适的计算参数来完全控制流体的性质。可以清晰地得到流场内各测点上的基本物理量分布情况，例如速度、压力、温度、浓度等，而且能够得到这些物理量随时间的变化情况[16]。

第四，计算模型为足尺模型。足尺模型建模能够避免缩尺模型带来的各个相似比问题，而且数值模拟中足尺模型对流体的流动不会产生任何的扰动影响。

CFD 数值模拟技术在土木工程领域的发展很快，由基础的研究开始进入了应用阶段，具体地表现在绕钝体（建筑结构）流动的速度和压力场的分析；绕建筑物近地面风压分布问题的分析；城市和区域气候分析；市区户外气候分析；绕建筑物或城区大气扩散分析；绕人体速度和温度场分析以及流体和固体的流固耦合分析等[17]。

基于 CFD 数值模拟技术，可将计算风工程数值模拟的计算步骤用流程图 2-24 表示。

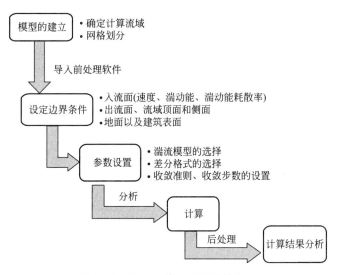

图 2-24　CFD 数值模拟的计算步骤

2.3.2　FLUENT 计算平台

FLUENT 计算平台的主要组成模块如下：（1）建模处理和网格划分的 GAMBIT 模块。（2）Pre PDF 模块，主要进行 PDF 燃烧过程的模拟。（3）Tgrid，非结构化体网格划分的附加模块。常用于划分复杂体型模型的网格，特点是操作简单，划分高效。（4）Filters 模块，实际上就是其他流体软件和建模软件与 FLUENT 软件间的接口。（5）求解器，也即用于 CFD 计算的求解器，FLUENT

软件实际上就是一个求解器程序。（6）后处理器，除了 FLUENT 软件自带的后处理模块外，还有许多专业的流体后处理软件，其中常用的主要是 Tecplot 360 系列软件[18]。

它采用了多种求解方法以及多重网格加速收敛技术，可以达到最佳的收敛速度和计算精度，再加上其灵活的非结构化网格和基于解的自适应网格技术及成熟的物理模型，以及强大的前后处理功能，使得该软件在转换与湍流、化学反应与燃烧、旋转机械、航空航天、车辆工程、传热与相变、多相流、环境工程和风工程领域等方面有着广泛的应用。

如图 2-25 为 FLUENT 软件进行流体流动数值计算的流程，包括几何结构建模、网格的生成和划分、参数设置并进行求解计算以及结果后处理。

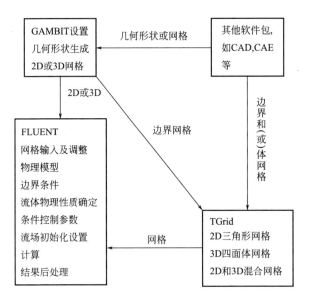

图 2-25　FLUENT 软件基本结构

2.3.3　数值模拟方法的选取

湍流运动是一种高度非线性的复杂流动状态，在进行湍流数值模拟中有多种模拟方法，具体可分为[19]：直接数值模拟法、雷诺平均法和大涡模拟法。其中雷诺平均法和大涡模拟法称为非直接数值模拟法，雷诺平均法又可分为涡粘模型和雷诺应力模型。

直接数值模拟法（DNS）不需要对湍流建立模型，而是直接利用瞬时 N-S 方程来计算湍流[20]。该法计算量大、耗时多，对于计算机配置也要求很高。因此，目前只能计算雷诺数较低的简单湍流运动，还难以达到预测复杂湍流运动的

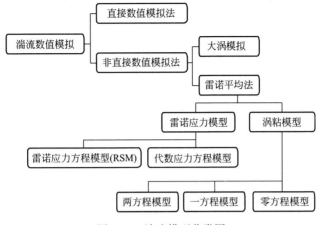

图 2-26　湍流模型分类图

状态。

雷诺平均法（RANS）是通过求解雷诺平均方程来进行数值模拟，通过该方法可预测湍流的平均速度、平均作用力等[21]。该法对网格尺度的要求低、计算量小，且模拟效果较好，因此是目前应用最广泛的数值模拟方法。

大涡模拟法（LES）是利用瞬时 N-S 方程直接模拟湍流中的大尺度涡流[22]。紊流中会产生许多大小不同的旋涡，而且大尺度涡对平均流动的影响较大。小尺度涡主要是起耗散作用，通过耗散脉动来影响各种变量。

2.3.4　湍流模型的选取

1）涡粘模型

涡粘系数的提出来源于 Boussinesq 的涡粘假定，公式如下：

$$-\rho(u_j'u_i')=\mu_i\left(\frac{\partial(u_i)}{\partial x_j}+\frac{\partial(u_j)}{\partial x_i}\right)-\frac{2}{3}\left(\rho k+\mu_i\frac{\partial(u_i)}{\partial x_i}\right)\delta_v \tag{2-6}$$

式中　μ_i——涡粘系数；

　　　k——湍动能；

　　　δ_v——Kronecher delta 张量，当 $i=j$ 时，$\delta_v=1$；当 $i\neq j$ 时，$\delta_v=0$。

由上式可见，确定涡粘系数 μ_i 是求解雷诺应力的关键。依据确定 μ_i 的微分方程数目的多少，把涡粘模型分为三类：零方程模型，一方程模型和二方程模型。

2）标准 $k\text{-}\varepsilon$ 湍流模型

标准 $k\text{-}\varepsilon$ 模型是针对湍流发展非常充分的湍流流动来建立的，所以标准 $k\text{-}\varepsilon$ 模型只适合湍流完全发展的流动过程的模拟，即适合于高雷诺数的湍流计算模型。

标准 $k\text{-}\varepsilon$ 模型中，k 和 ε 是两个基本的未知量，运输方程为：

$$\frac{\partial(\rho k)}{\partial t}+\frac{\partial}{\partial x_i}(\rho k u_i)=\frac{\partial}{\partial x_j}\left[\left(\mu+\frac{\mu_t}{\sigma_k}\right)\frac{\partial k}{\partial x_j}\right]+P_k-\rho\varepsilon+P_{kb} \tag{2-7}$$

$$\frac{\partial(\rho\varepsilon)}{\partial t}+\frac{\partial}{\partial x_i}(\rho\varepsilon\mu_i)=\frac{\partial}{\partial x_j}\left[\left(\mu+\frac{\mu_t}{\sigma_\varepsilon}\right)\frac{\partial\varepsilon}{\partial x_j}\right]+\frac{\varepsilon}{k}(C_{\varepsilon1}P_k-C_{\varepsilon1}\rho\varepsilon+C_{\varepsilon1}P_{kb}) \tag{2-8}$$

式中 P_k——由于黏性力引起的湍流产生项；

P_{kb}、$P_{\varepsilon b}$——由于浮力引起的产生项；

$C_{\varepsilon1}$、$C_{\varepsilon2}$——经验常数，$C_{\varepsilon1}=1.44$，$C_{\varepsilon2}=1.92$；

σ_k、σ_ε——分别是与湍流动能 k 和湍流动能 ε 相应的普朗特数，其中 $\sigma_k=1.0$，$\sigma_\varepsilon=1.92$。

3）RNG k-ε 模型

RNG k-ε 模型相对于标准 k-ε 模型，对强旋流、弯曲壁面流动或弯曲流线流动模拟的更完善更真实。RNG k-ε 模型中，运输方程同标准 k-ε 模型相似，只是经验常数 $C_{\varepsilon1}$、$C_{\varepsilon2}$ 和 C_μ 以及与湍动能 k 和湍动能耗散率 ε 相应的普朗特常数 σ_k 以及 σ_ε 的取值如下：

$$\sigma_k=\sigma_\varepsilon=0.7179 \quad C_\mu=0.085 \quad C_{\varepsilon1}=1.68 \quad C_{\varepsilon2}=1.42-\frac{\eta(1-\eta/4.38)}{(1+\beta\eta^3)}$$

其中，$\eta=\sqrt{\dfrac{P_k}{\rho C_\mu\varepsilon}}$，$\beta=0.012$。

4）Realizable k-ε 模型

Realizable k-ε 模型相对于标准 k-ε 模型，在高平均切变率流动可以保证模型的可实现性。

湍动能 k 方程可表示为：

$$\frac{\partial(\rho k)}{\partial t}+\frac{\partial(\rho u_i k)}{\partial x_i}=\frac{\partial}{\partial x_j}\left[\left(\mu+\frac{\mu_t}{\sigma_k}\right)\frac{\partial k}{\partial x_j}\right]+G_k-\rho\varepsilon \tag{2-9}$$

湍流耗散率 ε 方程可表示为：

$$\frac{\partial(\rho\varepsilon)}{\partial t}+\frac{\partial(\rho u_i\varepsilon)}{\partial x_i}=\frac{\partial}{\partial x_j}\left[\left(\mu+\frac{\mu_t}{\sigma_\varepsilon}\right)\frac{\partial\varepsilon}{\partial x_j}\right]-\rho C_2\frac{\varepsilon^2}{k+\sqrt{v\varepsilon}} \tag{2-10}$$

方程中的生成项与湍动能无关，被认为更适于表达能量谱的传输。

5）SST k-w 模型

SST k-w 模型也称为剪切应力输运模型，是以基线模型为基础改进涡粘性的定义，以考虑湍流主剪应力输运的影响，SST 湍流模型使预测逆压梯度的流动得到重要改进[23]。

湍动能 k 方程可表示为：

$$\frac{\partial(\rho k)}{\partial t}+\frac{\partial(\rho u_i k)}{\partial x_i}=\frac{\partial}{\partial x_j}\left[\Gamma_k\frac{\partial k}{\partial x_j}\right]+G_k-Y_k \tag{2-11}$$

湍流脉动涡量均方值 w 方程可表示为：

$$\frac{\partial(\rho\varepsilon)}{\partial t}+\frac{\partial(\rho\mu_i\omega)}{\partial x_i}=\frac{\partial}{\partial x_j}\left[\Gamma_\omega\frac{\partial\varepsilon}{\partial x_j}\right]+C_\omega-Y_\omega+D_\omega \tag{2-12}$$

模型方程中 G_k 代表由速度梯度引起的湍动能生成项；G_w 代表 w 的生成项；Γ_k 和 Γ_w 代表 k 和 w 的对流项；Y_k 和 Y_w 代表由湍流引起的 k 和 w 的有效扩散项。

6）雷诺应力 RSM 模型

雷诺应力模型能够更好地预测不均匀和各向异性的湍流运动，但是，雷诺应力模型不如二方程模型应用广泛。因为对于三维问题，采用雷诺应力模型要多求解雷诺应力的微分方程，计算量大，对计算机要求高。

当流动为没有系统旋转和不可压缩时，雷诺应力输运方程的表达式如下：

$$\frac{\partial(\rho(u_i'u_j'))}{\partial\varepsilon}+\frac{\partial}{\partial x_k}(\rho u_k(u_i'u_j'))=\frac{\partial}{\partial x_k}\left[C_k\rho\frac{k^2}{\varepsilon}\frac{\partial(u_i'u_j')}{\partial x_k}+\mu\frac{\partial(u_i'u_j')}{\partial x_k}\right]$$
$$-\rho\left[(u_i'u_j')\frac{\partial u_j'}{\partial x_k}+(u_i'u_j')\frac{\partial u_j'}{\partial x_k}\right]-\frac{2}{3}\rho\varepsilon\delta_v-C_1\rho\frac{\varepsilon}{k}\left[(u_i'u_j')-\frac{2}{3}k\delta_v\right]$$
$$-C_1(P_v-\frac{2}{3}P_{kk}\delta_v) \tag{2-13}$$

式中，$P_v=-\rho\left[(u_i'u_j')\frac{\partial u_j}{\partial x_k}+(u_i'u_j')\frac{\partial u_i}{\partial x_k}\right]$；$C_k=0.09$；$C_1=1.8$；$C_2=0.6$。

2.3.5 计算域设置

在计算风工程的数值模拟中，对于数值模拟的结果有直接影响的因素为计算域尺寸的设置。计算流域横截面积的大小对建筑物的影响可以用阻塞率来衡量，一般认为阻塞率不应大于 5%。阻塞率的定义为：阻塞率＝建筑物研究区域的最大迎风面积/流域的横截面积。

除了要满足计算流域横截面积的阻塞率之外，还应考虑纵向计算流域的设置问题。入流面和出流面都不能太靠近所要研究的建筑物。如果入流面太靠近建筑物，则会使流域中的湍流没有得到足够长的前流域去发展，会影响计算的精度。如果出流面太靠近建筑物，则出流面可能还处于因建筑物的阻塞而形成的尾流的回流区中。建议被研究的建筑物位于纵向流域的 1/3 处。

表 2-1 为一些常见建筑类型的计算域尺寸设置[24]，表中 $l(z)$、$l(y)$ 为建筑物的高度和宽度。

常见建筑类型的计算域尺寸设计 表 2-1

建筑类型	计算域高度 H	计算域高度 B	上游长度 L_1	下游长度 L_2
低矮房屋	$(4\sim5)l(z)$	$(9\sim10)l(y)$	$(5\sim6)l(z)$	$(11\sim12)l(z)$
工业厂房	$10l(z)$	$11l(y)$	$8l(z)$	$(11\sim12)l(z)$
大跨度建筑物	$10l(z)$	$(7\sim8)l(y)$	$(7\sim8)l(z)$	$(11\sim12)l(z)$
高层建筑物	$(2\sim2.5)l(z)$	$12l(y)$	$12l(z)$	$(2\sim2.5)l(z)$

2.3.6 网格的划分

在风工程数值模拟中，网格质量直接影响模拟的效率和精度。在所研究的建筑物表面及流场变化剧烈的区域和压力的壁面区，因为需要在计算中捕捉这些小尺寸的流动细节，网格划分需要足够的紧密。但远离研究建筑物的区域及流场变化缓慢的区域则网格划分的精度可以适当减小。目前，网格可以按单元节点的分布形式划分为三种，即结构化网格（structured grid）、非结构化网格（unstructured grid）、混合网格（hybrid gird）。

结构化网格的定义是每个点单元周围的网格数相同。结构化网格更容易实现壁面处的正交性原则，网格生成质量好、速度快、计算区域光滑，与实际所研究的模型更接近。但是对壁面逼近较差，适用范围比较窄。

非结构化网格的定义是每个点单元周围的网格数目不同。非结构化网格的优点在于能够容易生成网格，逼近壁面程度高，但是计算精度不高，且生成网格数量太大，因而要得到同样的精度需要的计算量较大。

混合网格就是在流场中边界较复杂的区域使用非结构网格，而在流场中较规则、结构化网格可能准确与边界拟合的区域使用结构网格，使结构化网格和非结构化网格混合使用而达到优势互补[25]。

对于计算风工程中的数值模拟，网格的划分要恰当，即不能太小也不能太大。如果网格划分过小，则系统的整体网格数将较大，这会增加计算机的负担，降低计算的效率。如果网格划分过大，则计算结果的误差也会偏大。网格划分需考虑边界层的影响，并且还应在流动变化剧烈的位置加密网格，同时在变化不剧烈的位置应尽量粗化网格，以减少网格规模，提高计算效率。

2.4 CFD 数值模拟与分析

根据风工程数值模拟方法及步骤，对 2.2 节完成的风洞试验，进行 CFD 数值模拟分析。

2.4.1 湍流模型

在风工程计算中，RNG k-ε 模型对弯曲壁面流动、强旋流区域的计算较为准确。CFD 数值模拟主要分析建筑物表面的平均风压，考虑风洞试验中风场可能存在较多不规则区域及可能出现大涡，选用 RNG k-ε 模型可较为准确地计算出风压系数。

2.4.2 计算域和网格划分

根据数值模拟模型尺寸应与缩尺后风洞试验一致，计算域尺寸设置为

1026mm×210mm×150mm（对应 x、y 和 z 轴），满足阻塞率＝（54×15）/（210×150）＝2.5%＜5%。模型置于长度方向距计算域入口 1/3 处。三种平屋盖模型采用非结构化四面体网格，在结构近表面的区域采用尺寸较小的网格，并在悬挑部分和女儿墙附近的不规则区域进行网格加密，网格尺寸由内到外逐渐递增，远离建筑区域的网格逐渐稀疏，网格划分见图 2-27。

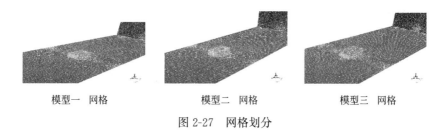

模型一 网格　　　　　　　模型二 网格　　　　　　　模型三 网格

图 2-27　网格划分

2.4.3　边界条件

入口条件：采用 Velocity-inlet 速度入口，输入湍流速度和平均风剖面。根据风洞试验中屋盖高度，模型一和模型三为 Z_b＝15cm，模型二为 Z_b＝16.2cm，以 Z_b 为参考点，高度 Z 从模型底部算起，平均风速 $U(z)$ ＝15m/s；粗糙度指数 α 为 0.16。

入口处采用的湍流动能：

$$k=1.5(UI)^2 \tag{2-14}$$

湍流耗散率：

$$\varepsilon=0.09^{3/4}k^{2/3}/L \tag{2-15}$$

其中湍流强度 I 和湍流积分尺度 L 参考日本规范：

$$I=\begin{cases} 0.31 & Z\leqslant5 \\ 0.1\left(\dfrac{Z}{450}\right) & 5<Z<450 \end{cases} \tag{2-16}$$

$$L=100(Z/30)^{0.5} \tag{2-17}$$

以上入口处公式应用 UFD 功能，采用 C＋语言编程与 Fluent 软件对接。

出口条件：采用 Pressure-outlet 压力出口边界，设置出口处的边界静压为 0，湍流耗散率 ε 和湍流动能 k 与入口处相同。

壁面条件：计算域顶部和两侧均采用 Symmetry 边界条件作为无滑移壁面。

建筑物表面和地面：采用无滑移的壁面 Wall 条件。

2.4.4　风压分布特征

图 2-28 给出了 CFD 数值模拟得到的 0°与 90°风向时三种平屋盖模型屋面和

四周立面的平均风压分布云图。

从图 2-28 可看到，三种平屋盖模型的屋面主要受风吸力，设女儿墙平屋盖模型屋面后部会有小范围正压力。0°和 90°风向角时主体建筑均为轴对称，所得风压分布亦为对称。

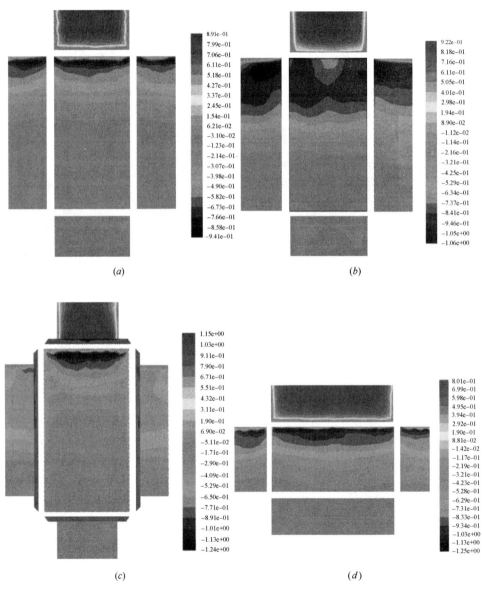

图 2-28　三种模型不同风向角下的风压分布云图（一）

(a) 0°风向角（模型一）；(b) 0°风向角（模型二）；

(c) 0°风向角（模型三）；(d) 90°风向角（模型一）

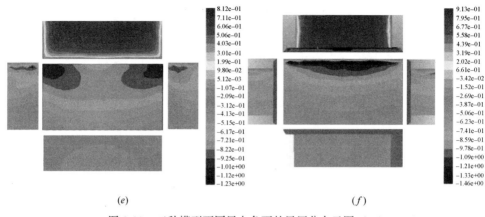

图 2-28　三种模型不同风向角下的风压分布云图（二）

(e) 90°风向角（模型二）；(f) 90°风向角（模型三）

1）三种平屋盖模型的屋面风压分布共同点

（1）在屋面迎风前缘部分，0°与 90°风向角下，由于流体分离强烈，且产生涡流现象，产生较大风吸力，风压系数较大且变化相对剧烈。

（2）0°风向角下模型风压梯度主要出现在屋面前 1/3 范围，屋盖后部趋于平缓，且风压系数相对较小；90°风向角下模型风压梯度主要出现在屋面前 1/2 范围，其余部分风压系数有小幅度变化。这是由于 0°风向角模型沿风向尺寸比 90°风向角长，流体分流与涡流产生的位置，0°风向角时大约在模型屋面的前 1/3 范围，而 90°风向角时模型屋面产生的相同现象覆盖了屋面大约前 1/2 范围。

2）三种模型的屋面风压不同点

模型一与模型三的最大负风压值为－1.15 和－1.19，最大负风压值及出现的位置基本相同，在屋面前缘大约 1/4 处；模型二的最大负风压值为－0.80，出现在屋面前缘大约 1/3 处，最大负风压值及出现位置与模型一和模型三均不同。这是由于模型二前缘有女儿墙，流体分离出现在 1.2cm 女儿墙上缘，女儿墙对气流有一定阻挡作用，屋面受到风吸力减小。并且屋面前缘产生的旋涡大约在设女儿墙模型前 1/3 范围，旋涡距屋面距离比模型一与模型三产生的旋涡距屋面距离高，所以对屋面影响减弱，产生的吸力相对较小。

2.4.5　CFD 数值模拟与风洞试验对比

为直观对比 CFD 数值模拟结果与风洞试验数据，在三种模型 0°和 90°风向角下沿模型流向中心线及中间高度水平截面上（图 2-29），取风洞试验中模型的测点位置为横坐标，做出平均风压系数对比曲线，见图 2-30。

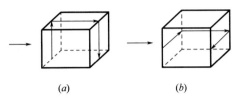

图 2-29　沿模型流向中心线及中间高度水平截面示意图

（a）沿模型流向中心线；（b）沿中间高度水平截面

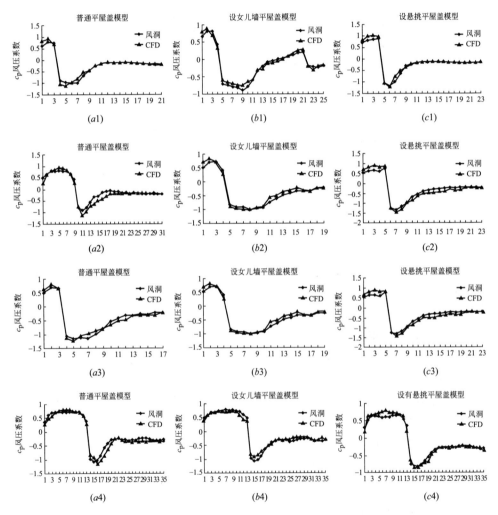

图 2-30　三种模型的 CFD 模拟与风洞试验平均风压系数对比

（a1）0°中心线（模型一）；（b1）0°中心线（模型二）；（c1）0°中心线（模型三）；

（a2）0°水平截面（模型一）；（b2）0°水平截面（模型二）；（c2）0°水平截面（模型三）；

（a3）90°中心线（模型一）；（b3）90°中心线（模型二）；（c3）90°中心线（模型三）；

（a4）90°水平截面（模型一）；（b4）90°水平截面（模型二）；（c4）90°水平截面（模型三）

从图 2-30 可看出，数值模拟结果与风洞试验结果吻合较好。在 0°或 90°风向角时模拟数值与风洞试验数据曲线变化趋势基本一致，误差基本在 10％以内，屋面受到的向上吸力和向下压力位置基本一致。

图 2-31 为风洞试验和 CFD 数值模拟的三种模型主体屋面部分风压对比图（不包括女儿墙及挑檐测点）。

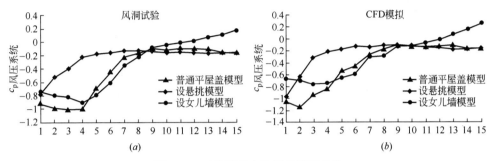

图 2-31　三种模型主体屋盖风压对比

（a）风洞试验结果；（b）CFD 数值模拟结果

1）挑檐对主体屋面风压的影响

从图 2-31 中可看到，设有挑檐平屋盖模型三在主体屋面迎风前缘处风压明显低于普通平屋盖模型一，负风压绝对值最大降低 30％。在图 2-30 中可以看到，90°风向角沿模型流向中心线图（c3）中的 6、7 点（挑檐上面测点）风压均大于屋面其他点风压，表明挑檐部分承受了大部分吸力，主体屋盖处所受风压趋于平缓。由此可知，屋盖有挑檐对屋盖主体前缘处的风压有明显降低作用。

2）女儿墙对屋面风压的影响

设女儿墙平屋盖模型二，在屋面迎风前缘 1/3 范围内风压均小于普通平屋盖模型一，且风压绝对值最大降低 25％；在屋面中间 1/3 范围内的风压略大于模型一；屋面后 1/3 范围内出现正风压，与无女儿墙的模型一、模型三不同。

由风洞试验实测数据可知，普通平屋盖模型一及有挑檐平屋盖模型三的屋面前缘两角部风压系数为 −1.2 左右，设女儿墙平屋盖模型二为 −0.83，降低了约 33％；在屋盖前缘部分，由图 2-31（a）可看到，设女儿墙模型二比普通平屋盖模型一负风压绝对值降低了 20％。CFD 数值模拟结果，也表现出同样规律。

以上分析表明，女儿墙的设置可改变屋面风压的分布，且对屋面迎风前缘，特别是角部区域的风压降低作用明显。

2.4.6　CFD 数值模拟女儿墙不同高度对风压影响

1）风压分布特征

用上述 CFD 数值模拟相同的边界条件，对 0°风向角下，女儿墙高度分别为

0.9m、1.2m、1.5m 的三种平屋盖模型进行数值模拟，得到风压分布如图 2-32 所示。

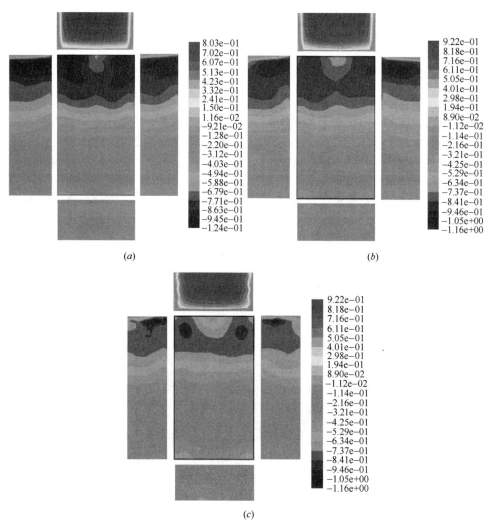

图 2-32 0°风向角不同高度女儿墙模型的风压分布

(a) 0.9m 女儿墙型；(b) 1.2m 女儿墙模型；(c) 1.5m 女儿墙模型

由图 2-32 可以看到，由于迎风面受到气流的撞击形成正压，三种不同高度女儿墙的模型迎风面平均风压系数最大值均在 0.9 左右，风压分布规律基本相同。

屋盖前缘区域，气流在模型前缘女儿墙顶部发生分离，形成剪切层，并且在屋面两侧出现旋涡，使得最大负压出现在屋面前缘靠近两端处。从图 2-32 中可以看到，0.9m 高女儿墙模型屋面前缘两端处负风压绝对值最大（－0.89），覆盖屋面区域最大；1.5m 高女儿墙模型前缘两侧出现的负风压绝对值最小（-0.74），覆盖区域最小。并且可以看到，设 0.9m 高女儿墙模型屋面从迎风前缘最大风压（-0.85）到距屋面前缘 1/3 处风压（-0.4）的变化梯度最大，设 1.5m 高女儿墙模型屋面风压变化梯度最小。女儿墙越高，对屋面风压减小作用越明显。

在尾流区，一部分气流再附着屋面，并且撞击屋面后部女儿墙迎风面，使屋面后部女儿墙迎风面产生正压，女儿墙越高对于来流风阻挡作用越明显，承受正压越大。1.5m 高女儿墙迎风面所受正压值最大（0.25），0.9m 高女儿墙迎风面所受正压值最小（0.19）。

随着气流绕过结构顶部，气流对建筑表面风压影响逐渐减弱，背风面三种女儿墙模型所受负压值基本在-0.2 左右。

2）女儿墙高度对沿模型流向中心线上屋面风压系数影响

三种女儿墙模型在侧立面上的风压分布大致相同，这里仅对沿模型流向中心线上（不包括女儿墙测点）的风压进行对比分析，见图 2-33。

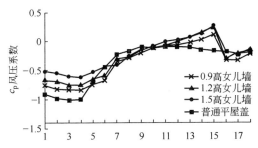

图 2-33　女儿墙高度对沿模型流向中心线上屋面风压系数影响

（1）屋面迎风前缘 1/3 范围风压系数对比

在图 2-33 中可以看到，三种高度女儿墙模型的屋面迎风前缘 1/3 范围的风压系数均小于不设女儿墙模型的屋面风压系数。相对于不设女儿墙模型屋面，设 0.9m、1.2m、1.5m 高女儿墙模型的屋面风压系数依次平均降低了 16％、20％、42％。女儿墙越高，对屋面前缘 1/3 范围内的风压系数降低作用越明显，且随女儿墙高度增加，对屋面风压系数降低率增大。

（2）屋面后 1/3 范围风压系数对比

屋面后 1/3 范围内三种高度女儿墙模型屋面均出现正压，正压值在接近女儿墙处达到最大。0.9m、1.2m、1.5m 高女儿墙模型的最大风压系数依次为 0.11、0.21、0.26。随女儿墙以相同高度增高，对后部屋面正压影响的增大率减小。

（3）女儿墙自身所受风压对比

前缘与后部女儿墙迎风面受压与背风面受吸，作用最大的均为 1.5m 高女儿墙模型，最小的均为 0.9m 高女儿墙模型。因此，承受总风压作用最大的为

1.5m 女儿墙，最小的为 0.9m 女儿墙。女儿墙越高其所受风压作用越大，女儿墙设计应考虑风荷载的不利影响。

2.4.7 CFD 数值模拟流场分析

图 2-34 绘出了三种高度女儿墙模型的竖向剖面风速矢量图。

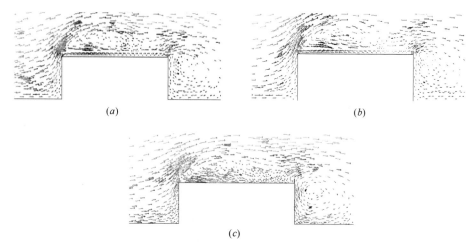

图 2-34　不同高度女儿墙模型的风速矢量图
（*a*）0.9m 女儿墙模型风速矢量图；（*b*）1.2m 女儿墙模型风速矢量图；
（*c*）1.5m 女儿墙模型风速矢量图

由图 2-34 可见，气流首先撞击建筑物迎风面形成高压气幕，使气流向建筑物四周扩散，在迎风面前缘出现明显的气流分离和回流现象，0.9m 高女儿墙模型产生的回流比 1.2m 高女儿墙模型更靠近迎风面，且回流的高度更贴近屋面，1.2m 高女儿墙相对于 1.5m 高女儿墙也有相同的现象。这与在屋面迎风前缘，0.9m 高女儿墙模型所受负风压值最大，1.5m 高女儿墙模型所受负风压值最小一致。

屋面后 1/3 部位出现再附着现象，并且气流撞击后部女儿墙迎风面，在女儿墙底部产生小涡，这与上述屋面后 1/3 部位，及后部女儿墙迎风面出现低值正压对应。同时，可看到 0.9m 高女儿墙模型的后部女儿墙对气流的阻挡作用小于 1.2m 和 1.5m 高女儿墙模型，这与 0.9m 高女儿墙模型的后部女儿墙迎风面正压值最小对应。

在后部女儿墙顶端再次出现气流的分离现象，但强度低于前缘分离。最后在三种模型背风面都出现了涡流现象，大小基本一致。

2.4.8 CFD 数值模拟角部区域风压对比

表 2-2 为普通平屋盖模型角部风压系数与三种高度女儿墙模型角部风压系数

对比,可以看到:

(1) 平均风压系数最小值。0.9m、1.2m、1.5m 高女儿墙模型屋面角部平均风压系数最小值（绝对值最大值），比无女儿墙普通平屋盖模型依次降低了26%、30%、38%。女儿墙高度每增高 0.3m，角部平均风压系数降低值增大4%~8%。

(2) 平均风压系数平均值。三种高度女儿墙模型比普通平屋盖模型角部风压系数平均值均有降低，但降低值较小，女儿墙的设置对平均风压的影响不明显。

(3) 平均风压系数最大值。1.5m 高女儿墙对屋面角部平均风压系数最大值降低最大，0.9m 高女儿墙降低最小。

不同模型角部区域平均风压系数对比   表 2-2

设女儿墙的高度(m)		0.9	1.2	1.5
平均风压系数最大值	有女儿墙	−0.55	−0.50	−0.44
	无女儿墙	−0.65	−0.65	−0.65
降低百分比(%)		16	22	32
平均风压系数平均值	有女儿墙	−0.80	−0.76	−0.72
	无女儿墙	−0.85	−0.85	−0.85
降低百分比(%)		6	11	15
平均风压系数最小值	有女儿墙	−0.89	−0.85	−0.74
	无女儿墙	−1.21	−1.21	−1.21
降低百分比(%)		26	30	38

2.4.9 CFD 数值模拟小结

对三种大跨度平屋盖刚性模型的风洞试验进行 CFD 数值模拟,利用建立的CFD 数值模拟模型对三种高度女儿墙平屋盖模型进行数值模拟分析,得到以下结论:

(1) 三种大跨度平屋盖刚性模型的 CFD 数值模拟结果与风洞试验数据吻合较好。

(2) 屋盖挑檐部分承受较大风吸力,对主体屋盖前缘部分的风压有明显降低作用。

(3) 女儿墙的设置可改变屋面风压的分布,与无女儿墙平屋盖相比,屋面迎风前缘 1/3 范围内的负风压降低,屋面后部出现低值正压;且对屋面迎风前缘,特别是角部区域的风压降低作用明显。

(4) 屋面前缘 1/3 范围内,随女儿墙高度增大,对负风压降低作用增大,风压梯度变缓；屋面后 1/3 部分，随女儿墙高度增大，屋面正压增大，但随女儿墙以相同高度增高，对屋面正压影响减小；后部女儿墙，随女儿墙高度增大，自身所受风压增大。

（5）女儿墙越高，对角部区域平均风压系数最大和最小值降低效果越好，对平均风压系数平均值降低效果不明显。

第3章

大跨度空间结构风振响应

大跨度屋盖结构一般较为低矮，因此，整个建筑处于大气边界层的位置，由于大气边界层内风速高、湍流复杂，所以整个建筑受风影响强烈，相关资料显示，大气边界层中风速具有随机脉动性，因此可以将风对结构的作用分为静力作用与脉动作用两部分，称为平均风与脉动风。平均风如静力作用一般施加在结构上，而脉动风的随机性大，要对其进行动力响应分析。当外力作用频率与结构自振频率相近时，会导致结构产生较大的响应，通常来讲，脉动风的卓越频率一般在20s左右，大跨度屋盖结构的自振频率与脉动风的卓越频率会存在部分交集，因此在脉动风作用下结构的响应情况成了大跨度结构抗风研究中不可忽视的问题。

3.1 分析方法

在研究结构的风致振动问题时，一般把风荷载表示为一个平稳随机过程。根据风荷载的随机性质，可按照随机振动理论分析结构响应。为了确定工程结构具体响应情况，常采用频域法和时域法这两种方法来进行动力响应求解。

3.1.1 频域计算方法

频域法的基本思想是通过振型分解将结构动位移描述成对应于各阶振型的广义动位移在模态空间内的线性组合。由于模态叠加法是以线性化假定为前提的，在计算过程中结构刚度、阻尼性质均保持不变，不能考虑结构的非线性效应，因此仅限于线性结构或弱非线性结构的振动问题。

由于大跨度屋盖结构模态密集，对于模态叠加法中参振模态阶数的选取和是否考虑模态之间耦合项的影响开展了较多的研究。Nakayama（1998）[26] 指出大跨度屋盖的高阶模态中存在模态贡献很大的 X-模态，但在传统的模态叠加法中易忽略，文中构造出一个新的模态即 X-模态来弥补初始模态不足以反映的静力位移部分，并指出将 X-模态和初始模态一起再进行模态叠加法的计算可以减少计算误差。何艳丽（2002）[27] 使用了与 Nakayama 类似的方法，不同的是从背景响应的角度构造补偿 B-模态，并根据模态对系统应变能的贡献来判断所选模态是否包含了主要贡献模态。黄明开（2003）[28] 通过产生一组与动荷载的空间分布有关并且质量正交的里兹向量直接叠加来求解结构动态响应，并指出只用很少数目的里兹向量就可以得到很精确的风振响应结果。王国砚（2002）[29] 认为应基于 CQC 法计算大跨度屋盖结构的风振响应，忽略模态间耦合效应的 SRSS 法是不正确的。但是 CQC 法对于节点数多、自由度数大，且需考虑多阶振型影响的大跨度结构来说计算量是巨大的。林家浩从计算力学角度提出虚拟激励法[30]，该方法自动包含了所有参振模态的耦合项以及多点激励之间的非完全相关性，在数学上与传统 CQC 法完全等价，而计算量远小于 CQC 法，该方法被应用于结构的随机风振分析中，发展了基于虚拟激励法的模态叠加法，取得了很高的计算效率。陈贤川[31] 将模态加速度法和虚拟激励法相结合，提出了改进的虚拟激励法，并把它用于大跨度屋盖的风振响应分析中。由于模态加速度法自动包含了高阶模态的准静态位移，将会得到比模态位移法精确的结果。陈贤川[31] 指出当脉动风荷载的空间相关性可能产生较大的高阶模态力时，基于虚拟激励法的模态位移法也会产生较大的误差，其原因在于合理参振模态的选取上，并从能量概念出发，根据虚拟激励法的基本原理，推导了每阶模态的模态贡献系数计算公式，定义了参振模态的累积模态贡献系数，将两者相结合来判断所选取的参振模态的合理性，提出了两种新的合理参振模态的构造方法。

对于频域中的非线性随机振动问题，可用 FPK 法、摄动法、等价线性化法、加权等价线性化法等来解决。由于这些方法要求解复杂的非线性方程，所以在实际工程中应用较少。

3.1.2　时域计算方法

在结构的动力响应分析中，频域分析给出的是结构响应的统计矩，在分析过程中需要对结构进行许多数学上的简化，不能考虑结构的非线性特性。时域法分析结构的风振响应，首先将风荷载模拟成时间的函数，然后利用有限元法将结构离散化，在相应的单元节点上作用模拟的风荷载，通过在时域内直接求解运动微分方程的方法求得结构的响应，在每一时间步中修正结构的刚度，这样结构的非线性因素就可得到考虑。

采用时域法，由于大跨度结构其三维尺寸接近，必须考虑三维的空间相关性，要对每一个节点进行时间、空间的模拟才显得有意义，另外，时域内的分析还应该进行多个样本分析，然后对各个响应进行统计，得到统计量，因此时域法的工作量很大，但时域法能随时考虑结构的刚度随荷载的变化，进行结构的时程分析可以实时了解结构在风荷载作用时间内的动力响应状况。

对结构的时域分析一般采用逐步积分法，在结构计算中常应用的有平均加速度法、Newmark-β 法、Houbolt 法、Wilson-θ 法等。时程分析法的精度取决于步长 Δt 的大小，在选择步长 Δt 的大小时，应考虑下面几个因素：（1）作用荷载

$P(t)$ 的变化速率；（2）非线性阻尼和刚度特性的复杂性；（3）结构的振动周期。为了可靠地反映这些因素，步长 Δt 必须足够短，但这样计算量会增大。因此选择合适的步长 Δt 非常重要。

下面给出 Newmark-β 法的计算过程。根据结构微分运动方程式（3-1），引入适当的假设，建立由 t 时刻到 $t+\Delta t$ 时刻的结构状态向量的递推公式，从 $t=0$ 时刻出发，逐步求出任意 t 时刻的状态向量。

$$[M]\{\ddot{U}_{t+\Delta t}\}+[C]\{\dot{U}_{t+\Delta t}\}+[K]\{U_{t+\Delta t}\}=\{F_{t+\Delta t}\} \tag{3-1}$$

式中
$\qquad [M]$——结构的质量矩阵；

$\qquad [C]$——结构的阻尼矩阵；

$\qquad [K]$——结构的刚度矩阵；

$\qquad \{F_{t+\Delta t}\}$——$t+\Delta t$ 时刻的风荷载向量；

$\{\ddot{U}_{t+\Delta t}\}$、$\{\dot{U}_{t+\Delta t}\}$、$\{U_{t+\Delta t}\}$——结构节点的位移、速度、加速度向量。

为求解上述微分运动方程式，需要对速度和位移进行泰勒级数展开，结构节点速度的展开式为：

$$\{\dot{U}_{t+\Delta t}\}=\{\dot{U}_t\}+\{\widetilde{\ddot{U}}_t\}\Delta t \tag{3-2}$$

上式中，因 $\{\widetilde{\ddot{U}}_t\}$ 取 $\{\ddot{U}_t\}$ 在区间 $[t，t+\Delta t]$ 内的某一点的值，因此令：

$$\{\widetilde{\ddot{U}}_t\}=(1-\gamma)\{\ddot{U}_t\}+\gamma\{\ddot{U}_{t+\Delta t}\}\ 0\leqslant\gamma\leqslant1 \tag{3-3}$$

综合式（3-2）与式（3-3）可得：

$$\{\dot{U}_{t+\Delta t}\}=\{\dot{U}_t\}+(1-\gamma)\{\ddot{U}_t\}\Delta t+\gamma\{\ddot{U}_{t+\Delta t}\}\Delta t \tag{3-4}$$

对节点位移进行泰勒级数展开得：

$$\{U_{t+\Delta t}\}=\{U_t\}+\{\dot{U}_t\}\Delta t+\frac{1}{2}\{\widetilde{\ddot{U}}\}\Delta t^2 \tag{3-5}$$

令 $\{\widetilde{\ddot{U}}_t\}$ 为：

$$\{\widetilde{\ddot{U}}_t\}=(1-2\beta)\{\ddot{U}_t\}+2\beta\{\ddot{U}_{t+\Delta t}\}\quad 0\leqslant2\beta\leqslant1 \tag{3-6}$$

$\{U_{t+\Delta t}\}$ 可表示为：

$$\{U_{t+\Delta t}\}=\{U_t\}+\{\dot{U}_t\}\Delta t+\frac{1-2\beta}{2}\{\ddot{U}_t\}\Delta t^2+\beta\{\ddot{U}_{t+\Delta t}\}\Delta t^2 \tag{3-7}$$

对上式求解可得：

$$\{\ddot{U}_{t+\Delta t}\}=\frac{1}{\beta\Delta t^2}[\{U_{t+\Delta t}\}-\{U_t\}]-\frac{1}{\beta\Delta t}\{\dot{U}_t\}-(\frac{1}{2\beta}-1)\{\ddot{U}_t\} \tag{3-8}$$

对 $t+\Delta t$ 时刻的平衡方程进行分析计算，可以得到节点的位移列阵 $\{U_{t+\Delta t}\}$，则结构在 $t+\Delta t$ 时刻的平衡方程为：

$$[M]\{\ddot{U}_{t+\Delta t}\}+[C]\{\dot{U}_{t+\Delta t}\}+[K]\{U_{t+\Delta t}\}=\{P_{t+\Delta t}\} \tag{3-9}$$

把式（3-8）与式（3-4）合并，再代入式（3-9）中的平衡方程，整体表达式为：

$$\left(\frac{1}{\beta\Delta t^2}[M]+\frac{\gamma}{\beta\Delta t}[C]+[K_t]\right)\{U_{t+\Delta t}\}$$

$$=\{P_{t+\Delta t}\}+[M]\left[\frac{1}{\beta\Delta t^2}\{U_t\}+\frac{1}{\beta\Delta t}\{\dot{U}_t\}+\frac{1}{2\beta-1}\{\ddot{U}_t\}\right]+ \quad (3\text{-}10)$$

$$[C]\left[\frac{\gamma}{\beta\Delta t}\{U_t\}+\left(\frac{\gamma}{\beta}-1\right)\{\dot{U}_t\}+\left(\frac{\gamma}{2\beta}-1\right)\{\ddot{U}_t\}\Delta t\right]$$

令：$[\widetilde{K}_{t+\Delta t}]=\frac{1}{\beta\Delta t^2}[M]+\frac{\gamma}{\beta\Delta t}[C]+[K_t]$

$$[\widetilde{P}_{t+\Delta t}]=\{P_{t+\Delta t}\}+[M]\left[\frac{1}{\beta\Delta t^2}\{U_t\}+\frac{1}{\beta\Delta t}\{\dot{U}_t\}+\frac{1}{2\beta-1}\{\ddot{U}_t\}\right]+$$

$$[C]\left[\frac{\gamma}{\beta\Delta t}\{U_t\}+\left(\frac{\gamma}{\beta}-1\right)\{\dot{U}_t\}+\left(\frac{\gamma}{2\beta}-1\right)\{\ddot{U}_t\}\Delta t\right]$$

则式（3-10）可以改写为：

$$[\widetilde{K}_{t+\Delta t}]\{U_{t+\Delta t}\}=[\widetilde{P}_{t+\Delta t}] \quad (3\text{-}11)$$

式中　　$[\widetilde{K}_{t+\Delta t}]$——$t+\Delta t$ 时刻的有效刚度矩阵；

　　　　$[\widetilde{P}_{t+\Delta t}]$——$t+\Delta t$ 时刻的有效荷载矩阵。

对于 Newmark-β 法而言，γ 和 β 的取值很重要，相关文献 [32] 中指出，当 $\gamma\geqslant0.5$，$\beta\geqslant0.25(0.5+\gamma)^2$ 时，Newmark-β 法是无条件稳定的，这时可只根据精度的要求选择步长 Δt。另有文献 [33] 中提到，Newmark-β 法对于 $\gamma=1/2$、$\beta=1/4$ 在计算过程是无条件稳定的，即不会出现发散。

确定性时程分析方法引入对大跨度屋盖结构进行风振响应分析。由于风荷载可认为是一个平稳随机过程，为了获得结构风压的平稳时程，使用的风压时程必须是多次采样的平均值。为了使得到的结构响应包含低频响应，输入的风压时程应有足够的长度，能包含风压中必要的长周期信息，同样，为了使结构响应包含高频能量，风压时程的采样间距应小于一定的数值。同时采用风洞试验同步测压技术获得风荷载时程，需要同步测量的风荷载时程点数较多，一般风洞试验室的设备都难以达到这个要求，需要很高的代价。

3.2　大跨度空间结构风振响应分析

3.2.1　有限元建模

对第 2 章风洞模型试验中普通平屋盖模型一与有挑檐平屋盖模型三，采用 3D3S 软件设计两个正放四角锥网架，屋盖模型如图 3-1 所示，分别为大跨度无挑檐网架与大跨度有挑檐网架，其中有挑檐大跨度网架结构跨度尺寸为 66m×42m，网架上弦节点数为 345；无挑檐网架跨度尺寸为 54m×30m，上弦节点数为 209。网架高度均为 2.1m，选用钢材 Q345，屈服强度为 345MPa，密度为 7850kg/m³。钢管型号采用 $\phi60×3.5$、$\phi114×4$、$\phi159×8$ 三种型号。

采用有限元软件 ANSYS18.1 进行有限元建模。本书风振响应的研究重点是大跨屋盖在风荷载作用下自身的响应，对于大跨度屋盖结构而言，在风荷载作用下，屋盖振动比较独立，受支撑结构振动的影响可以忽略，因此，在建模加载时，只考虑上部屋盖结构本身[34]，网架杆采用 link180 单元模拟，等效质量单元采用 MASS21 单元模拟。

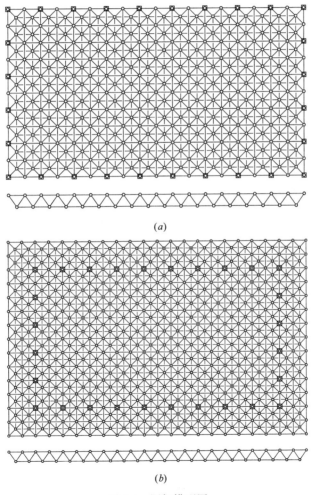

图 3-1　网架模型图
(a) 无挑檐网架模型；(b) 有挑檐网架模型

3.2.2 结构自振特性

为了确定结构的固有频率和振型，需要对结构进行模态分析。结构的风振特性不仅与风的脉动特性相关，还要考虑到结构本身的振动特点，因此，对大跨度屋盖进行模态分析去确定振型和固有频率是非常重要的。

应用通用有限元分析程序 ANSYS，计算两种网架结构的各阶振型及自振频率。图 3-2 为两模型的前十阶振型图。表 3-1 为两模型的前十阶自振频率。

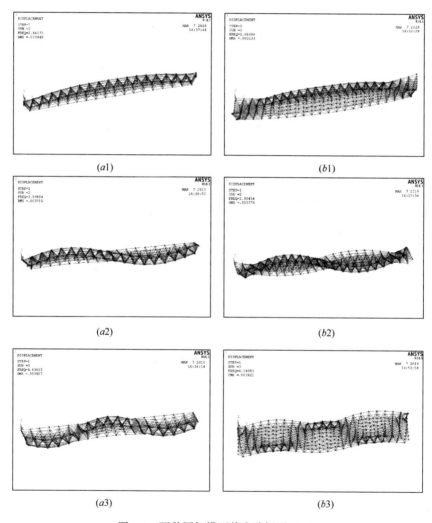

(a1) (b1)

(a2) (b2)

(a3) (b3)

图 3-2　两种网架模型前十阶振型（一）

（a1）无挑檐网架第一阶振型；（b1）有挑檐网架第一阶振型；

（a2）无挑檐网架第二阶振型；（b2）有挑檐网架第二阶振型；

（a3）无挑檐网架第三阶振型；（b3）有挑檐网架第三阶振型

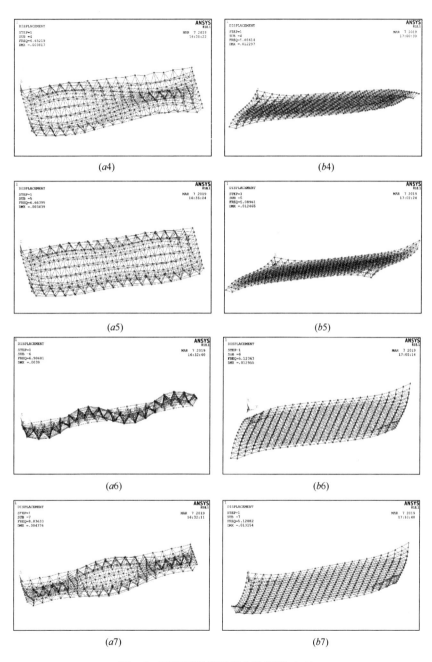

图 3-2　两种网架模型前十阶振型（二）

（a4）无挑檐网架第四阶振型；（b4）有挑檐网架第四阶振型；

（a5）无挑檐网架第五阶振型；（b5）有挑檐网架第五阶振型；

（a6）无挑檐网架第六阶振型；（b6）有挑檐网架第六阶振型；

（a7）无挑檐网架第七阶振型；（b7）有挑檐网架第七阶振型

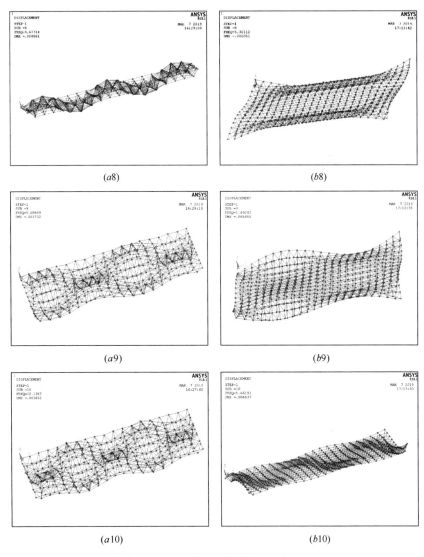

(a8)   (b8)

(a9)   (b9)

(a10)   (b10)

图 3-2 两种网架模型前十阶振型（三）

（a8）无挑檐网架第八阶振型；（b8）有挑檐网架第八阶振型；

（a9）无挑檐网架第九阶振型；（b9）有挑檐网架第九阶振型；

（a10）无挑檐网架第十阶振型；（b10）有挑檐网架第十阶振型

两种网架模型前十阶振型频率   表 3-1

	振型阶数	1	2	3	4	5	6	7	8	9	10
频率 （Hz）	无挑檐网架	2.6417	2.9948	4.6385	6.6522	6.6640	6.9068	8.0363	9.6771	9.6881	12.139
	有挑檐网架	2.6486	2.9045	4.1405	5.0861	5.0896	5.1236	5.1288	5.3011	5.4924	5.6619

由振型图 3-2 可知，两种网架模型既有竖向振型，也有横向振型，但是以竖向振型为主，因此在对网架进行振动分析时，应重点关注其竖向的动力响应。对于无挑檐网架，前 3 阶振动主要是竖向振动，第 4、5 阶振动为横向振动；对于有挑檐网架，前 3 阶振动也是以竖向振动为主，从第 4 阶振型开始，振型以挑檐部分振动为主。因此，有挑檐网架在进行风振响应分析时，不能忽略高阶模态的影响。

由表 3-1 可知，无挑檐网架前十阶自振频率变化较大，而有挑檐网架自振频率变化较为平缓。

3.2.3　结构的阻尼

结构的阻尼是进行动力分析过程中一项不可忽略的因素。但是，单独计算结构的阻尼矩阵是非常困难的，因此，在实际计算过程中通常会将阻尼矩阵简化为质量矩阵和刚度矩阵的线性组合。

目前常采用的阻尼模型为 Rayleigh 阻尼，这种模型简单、方便，因而在结构动力分析中得到了广泛应用，其模型表达式为：

$$[C] = \alpha [M] + \beta [K] \tag{3-12}$$

式中　$[C]$——结构的阻尼矩阵；

$[M]$——结构的质量矩阵；

$[K]$——结构的刚度矩阵；

α、β——质量阻尼系数和刚度阻尼系数。

α 和 β 的计算公式如下：

$$\alpha = \frac{2\omega_1\omega_2(\zeta_1\omega_2 - \zeta_2\omega_1)}{\omega_2^2 - \omega_1^2} \tag{3-13}$$

$$\beta = \frac{2(\zeta_2\omega_2 - \zeta_1\omega_1)}{\omega_2^2 - \omega_1^2} \tag{3-14}$$

式中，ω_1 和 ω_2 分别为结构第一阶振型和第二阶振型对应的圆频率，各阶阻尼比均取 0.02。

3.2.4　风振系数计算

结构的风振响应由两部分组成，一是平均风响应，可用静力方法求解，二是脉动风响应，需要进行动力分析。在结构设计过程中，秉承简便准确的原则，并且能准确考虑脉动风产生的动力效应，通常采用风振系数来进行设计计算。风振系数有两类，一是荷载风振系数，二是位移风振系数。对于大跨度结构而言，荷载风振系数会忽略高阶模态对结构响应的影响[35][36]，因此用位移风振系数更为精确。令因平均风作用而产生的位移为 R_s，脉动风作用产生的位移为 R_d，则结

构的总响应 R_a 可表示为：

$$R_a = R_s + R_d \tag{3-15}$$

风振系数可以用总位移响应 R_a 与平均风产生的位移响应 R_s 之比来表示，表达式为：

$$\beta_s = \frac{R_s + R_d}{R_s} = 1 + \frac{R_d}{R_s} \tag{3-16}$$

在实际计算过程中，通过有限元软件输出的响应结果去计算位移风振系数 β_s 时，要考虑到，进行多点时程加载输入的风荷载时程是平均风与脉动风的叠加，所以导出的位移响应值就包含有平均风造成的结构位移和脉动风造成的结构位移两部分，因此，应先利用各节点导出的位移时程数据计算节点位移响应均方根值，再来进一步计算得到位移风振系数，具体计算公式为：

$$\sigma = \sqrt{\frac{\sum_{i=1}^{n}(U_i - U_s)}{n-1}} = \sqrt{\frac{\sum_{i=1}^{n}(U_i - \overline{U})}{n-1}} \tag{3-17}$$

$$\beta_s = \frac{U_s + U_d}{U_s} = 1 + \frac{U_d}{U_s} = 1 + \frac{\mu\sigma}{\overline{U}} \tag{3-18}$$

式（3-18）中，μ 为峰值因子，根据大量资料表明[37]，此处 μ 值取为 3.5。

为方便两模型风振系数比较分析，根据风压梯度变化趋势将两模型屋面进行合理分区，无挑檐网架屋面分为 A1～A12 区，有挑檐网架主体屋面分为 C1～C12 区，且与无挑檐网架一一对应，为重点区分挑檐部分与主体部分风振系数的区别，将挑檐部分单独分为 T1～T12 区，如图 3-3 所示。

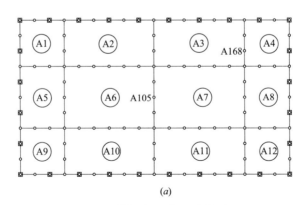

(a)

图 3-3 两种模型屋面分区示意图（一）

（a）无挑檐网架分区

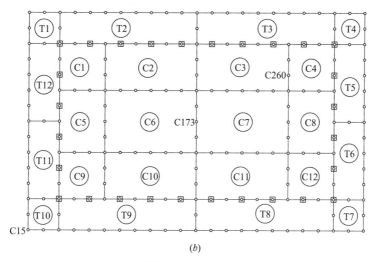

(b)

图 3-3 两种模型屋面分区示意图（二）

(b) 有挑檐网架分区

3.2.5 风振响应时程曲线分析

将风洞试验所获得的风压时程数据施加于结构上，计算时长取 100s。由第 2 章分析可知，最不利风向角为 210°，图 3-4 给出了几个典型节点在 210°风向角作用下的位移与加速度响应时程曲线，图 3-4（a）～（e）为竖向位移时程响应曲线，图 3-4（f）～（j）为加速度时程响应曲线。节点 A105 与节点 C173，节点 A168 与节点 C260 均为两种模型主体屋面部分位置相同的点，节点 C15 为有挑檐模型的迎风向挑檐角点，具体位置见图 3-3。设节点某时刻的响应值为 $\phi(t)$，则位移振动幅值为响应振幅 $\phi(t)_{\max}-\phi(t)_{\min}$，加速度响应幅值为 $|\phi(t)|_{\max}$，将节点的响应幅值提出，如表 3-2 所示。

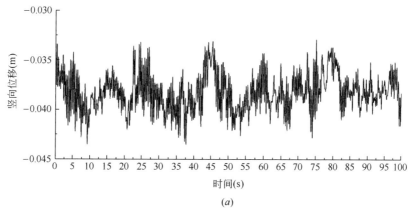

(a)

图 3-4 两种模型屋面典型测点时程响应曲线（一）

(a) 无挑檐模型 A105 点竖向位移时程曲线

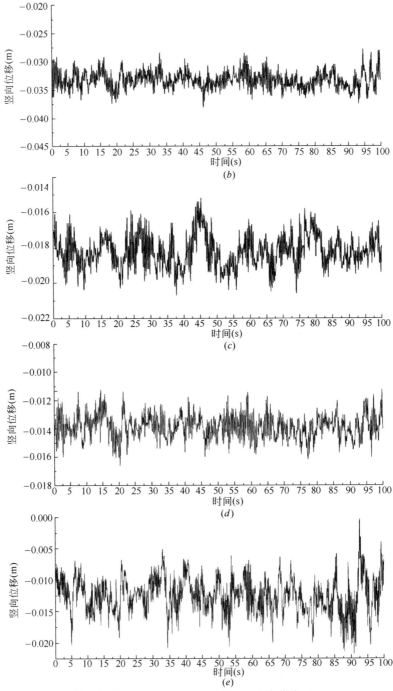

图 3-4 两种模型屋面典型测点时程响应曲线（二）

（*b*）有挑檐模型 C173 点竖向位移时程曲线；（*c*）无挑檐模型 A168 点竖向位移时程曲线；

（*d*）有挑檐模型 C260 点竖向位移时程曲线；（*e*）有挑檐模型 C15 点竖向位移时程曲线

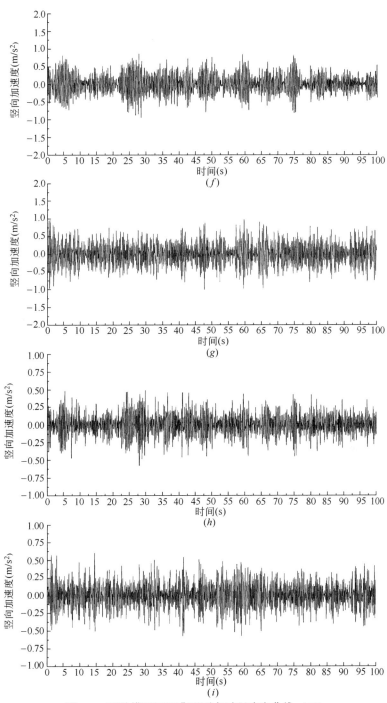

图 3-4　两种模型屋面典型测点时程响应曲线 （三）

（ f ）无挑檐模型 A105 点竖向加速度时程曲线；（ g ）有挑檐模型 C173 点竖向加速度时程曲线；
（ h ）无挑檐模型 A168 点竖向加速度时程曲线；（ i ）有挑檐模型 C260 点竖向加速度时程曲线

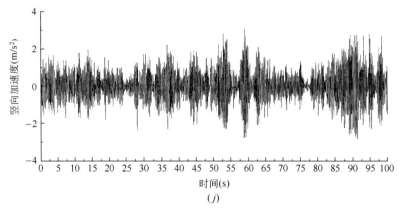

图 3-4　两种模型屋面典型测点时程响应曲线（四）

（j）有挑檐模型 C15 点竖向加速度时程曲线

两种模型屋面典型节点响应幅值　　　　　　　　　表 3-2

节点编号	A105	C173	A168	C260	C15
位移响应幅值(mm)	12.61	10.30	5.92	5.45	21.35
加速度响应峰值(m/s^2)	0.93	0.89	0.57	0.58	2.82

由图 3-4 和表 3-2 可以看出，两种结构在风荷载作用下产生较大振动，其中有挑檐屋盖结构的挑檐部分振动大于其主体部分与无挑檐屋盖结构的振动。节点 A105 点与 C173 为两种模型主体屋盖中心节点，无挑檐屋盖节点 A105 的位移幅值为 12.6mm，有挑檐屋盖节点 C173 的位移幅值 10.3mm，比节点 A105 略有减小；节点 A168 与 C260 为两种模型主体屋盖的同一部位，位移与加速度响应情况基本相同；挑檐部分以节点 C15 为例，位移幅值为 21.35mm，加速度响应峰值为 2.82m/s^2，从位移与加速度时程曲线也可以看出，节点 C15 的振动幅度要大于主体结构部分的四个节点，因此，结构的挑檐部分应该采取措施进行适当的振动控制。

3.2.6　风振系数对比分析

根据图 3-3 中所示分区情况，提取出无挑檐屋盖 12 个分区，有挑檐屋盖 24 个分区在 0°、30°、45°、90°、120°、135°、160°、180°、210°、225°、270°以及 330°共 12 个风向角下的位移风振系数，列于表 3-3、表 3-4 中，以便直观地分析对比每个分区的位移风振系数在风向角变化下的取值范围。

由表 3-3 与表 3-4 中所提取的两种模型共 36 个分区位移风振系数可知，对于无挑檐屋盖，A1～A12 位移风振系数主要在 1.1～1.3 之间，个别分区在某些风向角下位移风振系数达到 1.3 以上，如 A9、A12 区在 180°风向角作用下的风

无挑檐屋盖各分区位移风振系数 表 3-3

分区编号	风向角					
	0°	30°	45°	90°	120°	135°
A1	1.255	1.207	1.160	1.107	1.107	1.151
A2	1.229	1.192	1.159	1.110	1.108	1.147
A3	1.244	1.190	1.153	1.166	1.141	1.125
A4	1.291	1.197	1.145	1.207	1.179	1.154
A5	1.215	1.188	1.153	1.108	1.128	1.160
A6	1.207	1.184	1.154	1.111	1.125	1.161
A7	1.224	1.172	1.144	1.166	1.137	1.148
A8	1.246	1.172	1.157	1.195	1.178	1.154
A9	1.165	1.176	1.146	1.107	1.140	1.167
A10	1.178	1.174	1.143	1.111	1.140	1.169
A11	1.191	1.157	1.124	1.166	1.141	1.166
A12	1.190	1.167	1.156	1.204	1.176	1.175
分区编号	风向角					
	160°	180°	210°	225°	270°	330°
A1	1.178	1.194	1.144	1.173	1.221	1.226
A2	1.176	1.214	1.143	1.149	1.169	1.229
A3	1.169	1.218	1.174	1.145	1.105	1.241
A4	1.148	1.204	1.180	1.154	1.103	1.266
A5	1.193	1.246	1.149	1.174	1.201	1.173
A6	1.188	1.242	1.170	1.144	1.169	1.214
A7	1.190	1.248	1.192	1.157	1.106	1.236
A8	1.182	1.252	1.194	1.157	1.106	1.243
A9	1.232	1.330	1.196	1.164	1.203	1.155
A10	1.210	1.288	1.194	1.151	1.167	1.181
A11	1.234	1.282	1.202	1.160	1.105	1.224
A12	1.261	1.317	1.210	1.161	1.105	1.230

有挑檐屋盖各分区位移风振系数　　　　表 3-4

分区编号	风向角					
	0°	30°	45°	90°	120°	135°
C1	1.308	1.270	1.240	1.172	1.155	1.177
C2	1.238	1.221	1.202	1.143	1.131	1.152
C3	1.254	1.179	1.163	1.180	1.136	1.137
C4	1.324	1.233	1.240	1.282	1.208	1.200
C5	1.223	1.223	1.196	1.162	1.157	1.206
C6	1.179	1.167	1.169	1.106	1.118	1.134
C7	1.172	1.138	1.143	1.169	1.123	1.133
C8	1.219	1.213	1.201	1.253	1.227	1.218
C9	1.217	1.226	1.175	1.178	1.201	1.235
C10	1.186	1.188	1.150	1.139	1.144	1.205
C11	1.184	1.168	1.152	1.179	1.168	1.234
C12	1.221	1.210	1.206	1.263	1.203	1.212
分区编号	风向角					
	160°	180°	210°	225°	270°	330°
C1	1.248	1.208	1.219	1.204	1.279	1.191
C2	1.206	1.186	1.165	1.127	1.177	1.158
C3	1.172	1.190	1.218	1.170	1.163	1.208
C4	1.219	1.237	1.280	1.226	1.210	1.256
C5	1.268	1.237	1.216	1.183	1.245	1.152
C6	1.173	1.186	1.142	1.130	1.168	1.136
C7	1.154	1.174	1.140	1.150	1.165	1.186
C8	1.209	1.241	1.266	1.240	1.200	1.206
C9	1.330	1.312	1.260	1.236	1.293	1.169
C10	1.269	1.225	1.240	1.219	1.174	1.128
C11	1.273	1.301	1.264	1.218	1.172	1.187
C12	1.270	1.305	1.308	1.276	1.229	1.232

续表

分区编号	风向角					
	0°	30°	45°	90°	120°	135°
T1	2.178	1.560	1.418	1.161	1.174	1.168
T2	2.068	2.000	1.888	1.834	1.729	1.931
T3	1.928	1.729	1.688	2.061	1.558	1.588
T4	2.046	2.367	2.592	1.856	1.589	1.374
T5	1.928	1.842	1.554	1.731	1.512	1.560
T6	1.749	1.598	1.450	1.574	1.388	1.463
T7	1.141	1.257	1.385	1.896	2.330	2.201
T8	1.555	1.830	1.845	1.991	2.025	2.145
T9	1.649	1.777	1.757	1.751	1.736	1.857
T10	1.139	1.129	1.106	1.102	1.228	1.359
T11	1.876	1.966	1.723	1.655	1.602	1.779
T12	1.942	1.904	1.848	1.741	1.724	1.920

分区编号	风向角					
	160°	180°	210°	225°	270°	330°
T1	1.188	1.208	1.482	1.701	2.516	2.569
T2	2.056	1.946	1.872	1.632	1.684	1.551
T3	1.980	2.053	1.921	1.819	1.828	1.936
T4	1.193	1.171	1.181	1.162	1.107	1.484
T5	1.883	1.801	1.884	1.707	1.600	1.693
T6	1.758	1.907	1.805	1.698	1.610	1.646
T7	2.177	2.111	1.642	1.327	1.125	1.134
T8	1.993	1.878	1.769	1.504	1.650	1.562
T9	2.012	1.750	1.510	1.552	1.659	1.631
T10	1.721	2.434	2.327	2.185	1.934	1.223
T11	1.951	2.069	1.988	1.635	1.768	1.579
T12	1.808	1.959	1.849	1.632	1.768	1.785

振系数；此时 A9 区、A12 区位于 180°风向角作用下的迎风前缘角部区域，脉动风湍流复杂；对于有挑檐屋盖，主体屋盖的 C1～C12 区，位移风振系数大多在 1.1～1.3 之间，相较于无挑檐屋盖，主体结构部分的位移风振系数基本持平，说明挑檐的存在对主体屋面的脉动风响应影响不大。

根据 T1～T12 分区的位移风振系数我们可以看到，挑檐部分各分区的位移风振系数变化幅度很大，尤其对于 T1、T4、T7、T10 这四个挑檐角部分区，变化更为明显，各分区在全风向角下的位移风振系数最大值都达到 2.2 以上，随风向角变化，位移风振系数基本在 1.1～2.5 之间，受脉动风作用明显，最大值出现在 T4 分区在 45°风向角作用下，位移风振系数达到 2.59。除四个挑檐角部分区外，其余挑檐部分分区最大值在 2.0 左右，最大值出现在 T11 分区，在 180°风向角作用下的位移风振系数达到 2.07。

由于 A1～A12 区与 C1～C12 区是主体屋盖的一一对应分区，为更直观对比主体屋盖在有、无挑檐状态下的风振响应变化，将这些分区在不同风向角下的位移风振系数绘于图 3-5 中。

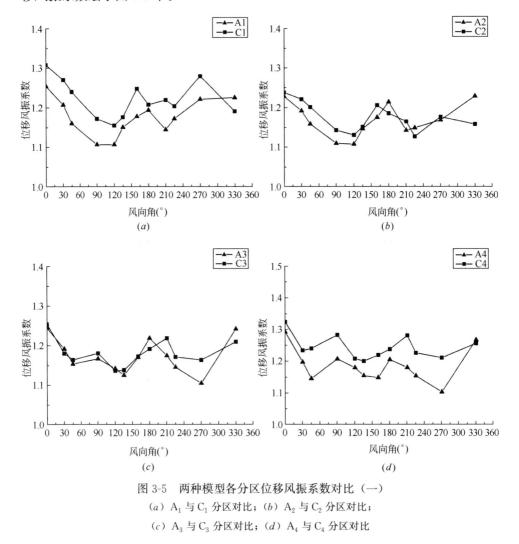

图 3-5　两种模型各分区位移风振系数对比（一）

（a）A_1 与 C_1 分区对比；（b）A_2 与 C_2 分区对比；

（c）A_3 与 C_3 分区对比；（d）A_4 与 C_4 分区对比

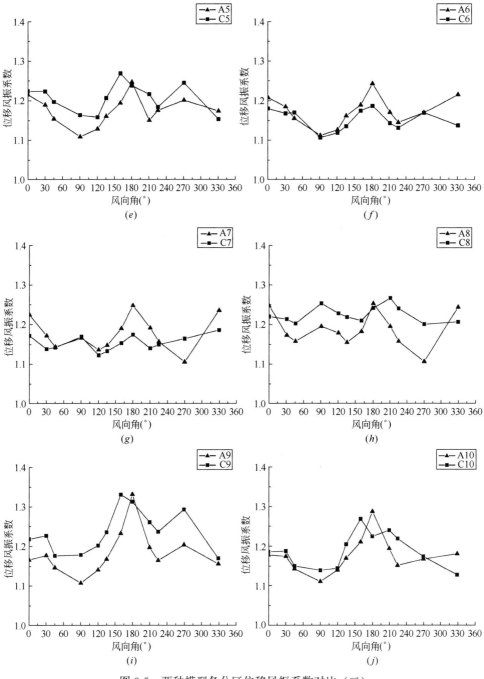

图 3-5　两种模型各分区位移风振系数对比（二）

（e）A₅ 与 C₅ 分区对比；（f）A₆ 与 C₆ 分区对比；（g）A₇ 与 C₇ 分区对比；

（h）A₈ 与 C₈ 分区对比；（i）A₉ 与 C₉ 分区对比；（j）A₁₀ 与 C₁₀ 分区对比

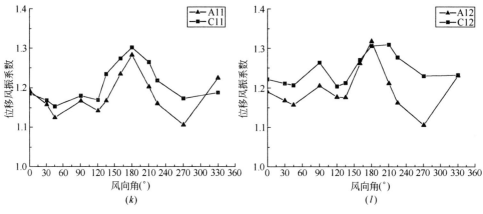

图 3-5　两种模型各分区位移风振系数对比（三）

（k）A_{11} 与 C_{11} 分区对比；（l）A_{12} 与 C_{12} 分区对比

由图 3-5 可以很直观地看出，随着风向角的变化，无挑檐屋盖各分区位移风振系数与有挑檐屋盖分区风振系数的变化趋势是基本一致的。在 A6、A7 与 C6、C7 这四个分区的风振系数对比图中可以看到，C6、C7 这两个分区的风振系数随风向角变化不大，风振系数随风向角变化曲线基本为直线，相较于 A6 与 A7 分区波动减小，这表明，虽然风在两种屋面的作用方式相同，但由于挑檐的存在降低了主体屋面中心位置湍流作用的复杂程度，进而减少了屋面中心区域的脉动风响应。

将有挑檐模型的挑檐四个角部分区 T1、T4、T7、T10 的位移风振系数随着风向角的变化，绘于图 3-6 中。

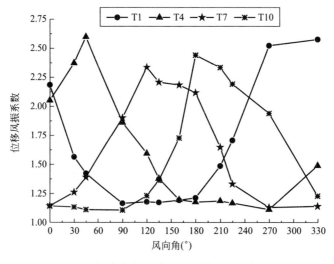

图 3-6　挑檐角部区域风振系数随风向角变化

由图 3-6 可知，T1、T4、T7、T10 这四个挑檐角部分区随着风向角的变化，位移风振系数变化幅度很大，T1 分区在 330°风向角，T4 分区在 45°风向角，T7 分区在 120°风向角，T10 分区在 210°风向角时出现极值，极值在 2.5 左右。对照第 2 章可以看出，在这 4 种风向角作用下，屋面均出现锥形涡的作用，角部区域旋涡作用明显，因此，在网架设计以及振动控制中应重点关注挑檐部分的角部区域。

3.2.7　小结

通过对两种网架模型进行风振响应时程分析，得出主要结论如下：

（1）从两种模型风振响应时程分析结果来看，两模型屋盖中心节点的位移响应幅值与加速度响应幅值比较接近，无挑檐网架屋面中心节点位移幅值为 12.6mm，加速度响应幅值为 0.93m/s²，有挑檐网架屋面中心节点位移幅值为 10.3mm，加速度响应幅值为 0.89m/s²，而有挑檐网架的挑檐角部区域节点位移幅值为 21.35mm，加速度幅值为 2.82m/s²，振动较大。

（2）无挑檐模型屋面，位移风振系数主要在 1.1~1.3 之间，个别分区在某些风向角下位移风振系数达到 1.3 以上；有挑檐模型屋面，主体屋面位移风振系数基本在 1.1~1.3 之间，与无挑檐模型风振系数基本一致，但有挑檐屋盖在主体屋面中心区域的风振系数比无挑檐屋面变化幅度减小。

（3）T1、T4、T7、T10 这四个悬挑角部分区，随着风向角的变化，位移风振系数变化幅度很大，T1 分区在 330°风向角，T4 分区在 45°风向角，T7 分区在 120°风向角，T10 分区在 210°风向角出现极值，极值在 2.5 左右。对照第 2 章可以看出，在这 4 种风向角作用下，屋面均出现锥形涡的作用，角部区域旋涡作用明显。

第4章

结构抗风设计

抗风设计的目的是保证结构的安全性、使用性和耐久性。具体表现在：防止结构或其构件因过大的风力而产生破坏或出现失稳；防止结构或其构件产生过大的挠度和变形；防止结构或其构件因风振作用出现疲劳破坏；防止结构出现气弹性失稳；防止围护构件破坏；防止由于过大的振动导致建筑物使用者的不舒适感等。

以下结合《建筑结构荷载规范》GB 50009—2012（以下简称2012荷载规范）的相关规定，首先介绍结构抗风设计的基本流程与方法，然后针对大跨度空间结构的特点，介绍相关的抗风设计要点和方法。

4.1 结构抗风设计基本流程与方法

结构抗风设计的基本流程大致包括来流风场信息确定、主体结构抗风设计和围护结构抗风设计等步骤。

4.1.1 风场基本信息确定

1）基本风压

基本风压 ω_0 是根据当地气象台站历年来的最大风速记录，按基本风速的标准要求，将不同风速仪高度和时次、时距的年最大风速，统一换算为离地 10m 高、10min 平均年最大风速数据，经统计分析确定重现期为 50 年的最大风速，作为当地风速 v_0，再按以下公式计算得到：

$$\omega_0 = \frac{1}{2}\rho v_0^2 \tag{4-1}$$

2012荷载规范根据全国 672 个地点的基本气象台（站）的最大风速资料，给出了各城市的基本风压（重现期 50 年）。我国东南沿海地区（如浙江、福建、广东和海南等省）由于台风影响，基本风压较大，局部甚至超过 0.9kN/m^2；此外，新疆局部地区由于受环境（如山口、隧道众多）和气象条件（如西伯利亚高压）的影响，风力也较大。

在确定基本风压时，需注意以下 3 个问题：

（1）对于高层建筑、高耸结构以及对风荷载敏感的其他结构，由于计算风荷载的各种因素和方法还不十分确定，基本风压应适当提高。如何提高基本风压值，可参考各结构设计规范，没有规定的可考虑适当提高其重现期。

（2）2012 荷载规范已给出了重现期分别对应 10 年、50 年和 100 年的基本风压值。对于其他重现期 T 所对应的基本风压，可根据 10 年和 100 年的风压值按下式确定：

$$\omega_T = \omega_{10} + (\omega_{100} - \omega_{10})(\ln T / \ln 10 - 1) \tag{4-2}$$

也可根据表 4-1 给出的不同重现期风压比值确定。

不同重现期的风压比值 表 4-1

重现期(年)	100	60	50	40	30	20	10	5
风压比值	1.1	1.03	1	0.97	0.93	0.87	0.77	0.66

（3）当城市或建设地点的基本风压值在规范中没有给出时，可根据当地年最大风速资料，按基本风压定义，采用 I 型概率分布函数通过统计分析确定。当地没有风速资料时，可根据附近地区规定的基本风压或长期资料，通过气象和地形条件的对比分析确定。

2）风压高度变化系数

风压高度变化系数 μ_z 考虑了地面粗糙程度、地形和离地高度对风荷载的影响。2012 荷载规范将风压高度变化系数 μ_z 定义为任意地貌、任意高度处的平均风压与 B 类地貌 10m 高度处的基本风压之比，即：

$$\mu_z(z) = \frac{\omega_a(z)}{\omega_0} = \frac{v_a^2(z)}{v_0^2} \tag{4-3}$$

式中　$v_a(z)$——任意地面粗糙类别任意高度 z 处的基本风速（m/s）。

对于平坦或稍有起伏的地形，利用上式将不同地面粗糙度类别的风压高度变化系数制成表格，见表 4-2。

风压高度变化系数 μ_z 表 4-2

离地面或海平面高度(m)	地面粗糙度类别			
	A	B	C	D
5	1.09	1.00	0.65	0.51
10	1.28	1.00	0.65	0.51
15	1.42	1.13	0.65	0.51
20	1.52	1.23	0.74	0.51
30	1.67	1.39	0.88	0.51
40	1.79	1.52	1.00	0.60
50	1.89	1.62	1.10	0.69

离地面或海平面高度(m)	地面粗糙度类别			
	A	B	C	D
60	1.97	1.71	1.20	0.77
70	2.05	1.79	1.28	0.84
80	2.11	1.87	1.36	0.91
90	2.18	1.93	1.43	0.98
100	2.23	2.00	1.50	1.04
150	2.46	2.25	1.79	1.33
200	2.64	2.46	2.03	1.58
250	2.78	2.63	2.24	1.81
300	2.91	2.77	2.43	2.02
350	2.91	2.91	2.60	2.22
400	2.91	2.91	2.76	2.40
450	2.91	2.91	2.91	2.58
500	2.91	2.91	2.91	2.74
≥550	2.91	2.91	2.91	2.91

3）特殊地形处理

对于山区地形、远海海面和海岛的建筑物或构筑物，风压高度变化系数 μ_z 除按表 4-2 确定外，还应乘以地形修正系数 η。

（1）对于山峰和山坡（图 4-1），其顶部 B 处的地形修正系数可按下式计算：

$$\eta_B = \left[1 + \kappa \tan\alpha \left(1 - \frac{z}{2.5H}\right)\right]^2 \qquad (4\text{-}4)$$

式中　$\tan\alpha$——山峰或山坡在迎风面一侧的坡度，当 $\tan\alpha > 0.3$ 时，取 0.3；

　　　κ——系数，对山峰取 2.2，对山坡取 1.4；

　　　H——山顶或山坡全高（m）；

　　　z——计算位置离建筑物地面高度（m），当 $z > 2.5H$ 时，取 $z = 2.5H$。

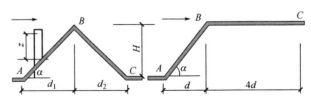

图 4-1　山坡和山峰的示意图

对于山峰和山坡的其他部位，取 A、C 处的修正系数 η_A、η_C 为 1，AB 间和

BC 间的修正系数 η 按线性插值确定。

（2）对于山间盆地、谷地等闭塞地形，$\eta = 0.75 \sim 0.85$。

（3）对于与风向一致的谷口、山口，$\eta = 1.20 \sim 1.50$。

（4）对于远海海面和海岛的建筑物和构筑物，风压高度变化系数 μ_z 可按 A 类地面粗糙度类别，除由表 4-2 确定外，还应考虑表 4-3 中给出的修正系数 η。

远海海面和海岛的修正系数 η 表 4-3

距海岸线距离（km）	η
<40	1.00
40～60	1.0～1.1
60～100	1.1～1.2

4.1.2 主体结构抗风设计

1）单位面积上的风荷载标准值

对于主要受力结构，垂直于建筑物表面单位面积上的风荷载标准值按下式计算：

$$\omega_k = \beta_z \mu_s \mu_z \omega_0 \tag{4-5}$$

式中 ω_k——风荷载标准值（kN/m²）；

β_z——高度 z 处的风振系数；

μ_s——风荷载体型系数；

μ_z——高度 z 处的风压高度变化系数；

ω_0——基本风压（kN/m²）。

上式中涉及基本风压、风压高度变化系数、风荷载体型系数和风振系数等几个关键参数，下面将介绍风荷载体型系数和风振系数。

2）风荷载体型系数

风荷载体型系数是指风作用在建筑物表面一定面积范围内所引起的平均压力（或吸力）与来流风压的比值。对于建筑物表面 i 处的风荷载体型系数 μ_{si} 可按下式计算：

$$\mu_{si} = \frac{\omega_i}{\rho v_i^2 / 2} \tag{4-6}$$

式中 ω_i——风作用在 i 点所引起的实际压力（或吸力）（kN/m²）；

v_i——i 点高度处来流平均风速（m/s）。

由于建筑物表面的风压分布是不均匀的，工程上为了简化，通常采用各面上所有测点的风荷载体型系数的加权平均值来表示该面上的体型系数 μ_s，即：

$$\mu_s = \frac{\sum_i \mu_{si} A_i}{A} \tag{4-7}$$

式中 A_i——测点 i 所对应的面积。

风荷载体型系数描述了建筑物在平稳来流作用下的平均风压分布规律，主要与建筑物的体型和尺度有关，也与周围环境和地面粗糙度有关。由于它涉及复杂的流体动力学问题很难给出解析解，因此需要通过风洞试验确定。

2012 荷载规范根据国内外的实验资料列出了 39 项不同类型的建筑物和构筑物的风荷载体型系数。同时还规定了不同情况下风荷载体型系数确定原则：

（1）当房屋和构筑物与规范所给的体型类同时，可按规范规定采用。

（2）当房屋和构筑物与规范所给的体型不同时，可参考有关资料确定；当无资料时宜由风洞试验确定。

（3）对于重要且体型复杂的房屋和构筑物，应由风洞试验确定。

关于荷载体型系数的确定，有几点补充说明：

（1）由于空气黏性极小，抗剪能力极差，因此一般认为风力的作用是垂直于建筑物表面的；如果先将体型系数沿顺风向和横风向分解，再沿建筑物表面进行面积加权积分，即可得到建筑物整体阻力系数和升力系数。

（2）对于开敞式建筑物，如体育场罩棚、广告牌等，应考虑两侧风荷载的叠加效应，此时规范中体型系数实为叠加值。

（3）对于单榀桁架结构，可将每根杆件看作独立的钝体，确定其体型系数和挡风面积；当为平行布置的多榀桁架时，应考虑上游桁架对下游桁架的遮挡效应，进行适当折减，具体方法可参考 2012 荷载规范的相关条文。

3）风振系数

2012 荷载规范规定：对于高度大于 30m 且高宽比大于 1.5 的房屋，以及基本自振周期 T_1 大于 0.25s 的各种高耸结构，以及跨度大于 36m 的柔性屋盖结构，均应考虑脉动风荷载对结构风振的影响。

对于一般竖向悬臂型结构，如高层建筑和高耸结构，均可仅考虑结构第一振型的影响，2012 荷载规范给出了其风振系数的计算公式：

$$\beta_z = 1 + 2g I_{10} B_z \sqrt{1 + R^2} \tag{4-8}$$

式中 g——峰值因子，可取 2.5；

I_{10}——10m 高度处的名义湍流强度，对 A～D 类地面粗糙度，可分别取 0.12、0.14、0.23 和 0.39；

R——脉动风荷载的共振分量因子；

B_z——脉动风荷载的背景分量因子。

脉动风荷载的共振分量因子一般计算式为：

$$R^2 = S_f(f_1)\frac{\pi f_1}{4\xi_1} \tag{4-9}$$

$$S_f(f) = \frac{2x^2}{3f(1+x^2)^{4/3}} \tag{4-10}$$

$$x = 1200/v_{10}$$

式中 f_1——结构第一阶自振频率（Hz）；

　　　S_f——归一化的风速谱，采用 Davenport 建议的风速谱密度经验公式（4-10）；

　　　v_{10}——10m 高度处的平均风速（m/s）。

将式（4-10）代入式（4-9），并将风速用不同地貌下的基本风压来表示，则：

$$R^2 = \frac{\pi}{6\xi_1}\frac{x_1^2}{(1+x_1^2)^{4/3}} \tag{4-11}$$

$$x_1 = \frac{30f_1}{\sqrt{k_w\omega_0}}且 x_1 > 5$$

式中 k_w——地面粗糙度修正系数，对 A～D 类地面粗糙度分别取 1.28、1.0、0.54 和 0.26；

　　　ξ_1——结构第一阶振型的阻尼比，对钢结构可取 0.01，对有填充墙的钢结构房屋可取 0.02，对钢筋混凝土及砌体结构可取 0.05，对其他结构可根据工程经验确定。

脉动风荷载的背景分量因子的计算式为多重积分式，较为复杂。规范经大量试算及回归分析采用非线性最小二乘法拟合得到简化经验公式如下：

$$B_z = kH^{\alpha_1}\rho_x\rho_z\frac{\phi_1(z)}{\mu_z(z)} \tag{4-12}$$

$$\rho_z = \frac{10\sqrt{H+60e^{-H/60}-60}}{H} \tag{4-13}$$

$$\rho_x = \frac{10\sqrt{B+50e^{-B/50}-50}}{B} \tag{4-14}$$

式中 $\phi_1(z)$——结构第一阶振型系数，可根据结构动力计算确定；

　　　H——结构总高度（m），对 A、B、C 和 D 类地面粗糙度，其取值应分别不大于 300m、350m、450m 和 550m；

　　　k、α_1——按表 4-4 取值；

　　　ρ_z——脉动风荷载竖直方向相关系数，可按式（4-13）计算；

　　　ρ_x——脉动风荷载水平方向相关系数，可按式（4-14）计算；

　　　B——结构迎风面宽度（m），且 $B \leqslant 2H$。

以上公式适用于体型和质量沿高度均匀分布的高层建筑和高耸结构；对于迎风面和侧风面的宽度沿高度按直线或接近直线变化，而质量沿高度按连续规律变化的高耸结构，应乘以修正系数 θ_B 和 θ_v，θ_B 为构筑物在 z 高度处的迎风面宽度

$B(z)$ 与底部宽度 $B(0)$ 的比值，θ_v 可按表 4-5 确定。对于更加复杂的结构则应通过风洞试验和随机风振响应分析确定风振系数。

系数 k 和 α_1 表 4-4

粗糙度类别		A	B	C	D
高层建筑	k	0.944	0.670	0.295	0.112
	α_1	0.155	0.187	0.261	0.346
高耸建筑	k	1.276	0.910	0.404	0.155
	α_1	0.186	0.218	0.292	0.376

修正系数 θ_v 表 4-5

$B(H)/B(0)$	1	0.9	0.8	0.7	0.6	0.5	0.4	0.3	0.2	$\leqslant 0.1$
θ_v	1.00	1.10	1.20	1.32	1.50	1.75	2.08	2.53	3.30	5.60

4）总体风荷载

总体风荷载是建筑物各表面承受风作用的合力，是沿高度变化的分布荷载，用于计算抗侧力结构的侧移及各构件内力。首先按式（4-5）计算得到某高度处风荷载标准值 w_k，然后计算该高度处各个受风面上的风荷载的合力，将各受风面上的风荷载投影到垂直于该表面的方向上，求投影后合力。也可按下式直接计算：

$$W = \beta_z \mu_z w_0 (\mu_{s1} B_1 \cos\alpha_1 + \mu_{s2} B_2 \cos\alpha_2 + \cdots + \mu_{sn} B_n \cos\alpha_n) \quad (4\text{-}15)$$

式中　n——建筑外围表面数；

　　　B_i——第 i 个表面的宽度（m）；

　　　μ_{si}——第 i 个表面的风载体型系数；

　　　α_i——第 i 个表面法线与总风荷载作用方向的夹角。

要注意每个表面体型系数的正负号，即注意每个表面是风压力还是风吸力，以便在求合力时做矢量相加，上式计算得到的总体风荷载 W 是线荷载。

各表面风力的荷载作用点，即为总体风荷载的作用点。设计时，将沿高度分布的总体风荷载的线荷载换算成作用在各楼层位置的集中荷载，再计算结构内力及位移。

4.1.3　围护结构抗风设计

围护结构的振动周期一般为 $0.02 \sim 0.2$s，远小于平均风速和脉动风速的波动周期（10min 和 $1 \sim 2$s），因此在围护结构的抗风设计中，风荷载可做准静力荷载考虑。

围护结构风荷载标准值应按下式计算：

$$\omega_k = \beta_{gz}\mu_{sl}\mu_z\omega_0 \tag{4-16}$$

式中　β_{gz}——高度 z 处的阵风系数；

　　　μ_{sl}——风荷载局部体型系数。

1）局部体型系数

通常情况下，在建筑物的角隅、檐口、边棱和附属结构（如阳台、雨篷等外挑构件）等部位，局部风压会超过按体型系数确定的平均风压。局部体型系数就是考虑建筑物表面风压分布不均匀，导致局部风压超过全表面风压情况所做出的调整。

当计算围护构件及其链接的风荷载时，局部体型系数 μ_{sl} 可按下列规定采用；

（1）封闭式矩形平面房屋的墙面及屋面可按表 4-6 采用；

（2）檐口、雨篷、遮阳板、边棱处的装饰条的突出构件，取 -2.0；

（3）其他房屋和构筑物可按体型系数的 1.25 倍取值。

封闭式矩形平面房屋的局部体型系数　　　　　　　表 4-6

项次	类别	体型及局部体型系数				
1	封闭式矩形平面房屋的墙面					

	迎风面	1.0
侧面	S_a	-1.4
	S_b	-1.0
背风面		-0.6

注：E 取 $2H$ 和迎风宽度 B 中的较小值。

项次	类别	体型及局部体型系数					
2	封闭式矩形平面房屋的双坡屋面		α	$\leqslant 5°$	$15°$	$30°$	$\geqslant 45°$
		R_a	$H/D \leqslant 0.5$	-1.8 $+0$	-1.5 $+0.2$	-1.5	0
			$H/D \geqslant 1.0$	-2.0 $+0.2$	-2.0 $+0.2$	$+0.7$	$+0.7$
		R_b		-1.8 $+0$	-1.5 $+0.2$	-1.5 $+0.7$	-0 $+0.7$
		R_c		-1.2 $+0$	-0.6 $+0.2$	-0.3 $+0.4$	-0 $+0.8$
		R_d		-0.6 $+0.2$	-1.5 $+0$	-0.5 $+0$	-0.3 $+0$
		R_e		-0.6 $+0$	-0.4 $+0$	-0.4 $+0$	-0.2 $+0$

注：（1）E 取 $2H$ 和迎风宽度 B 中的较小值；

（2）中间值可按线性插值法计算（应对相同符号项插值）；

（3）同时给出两个值的区域应分别考虑正负风压的作用；

（4）风沿纵轴吹来时，靠近山墙的屋面可参照表中 $\alpha \leqslant 5°$ 时的 R_a 和 R_b 取值

项次	类别	体型及局部体型系数				
3	封闭式矩形平面房屋的单坡屋面	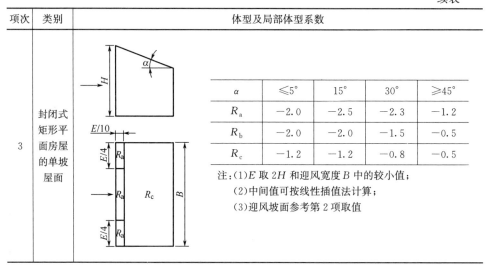	α	≤5°	15°	30°	≥45°
			R_a	−2.0	−2.5	−2.3	−1.2
			R_b	−2.0	−2.0	−1.5	−0.5
			R_c	−1.2	−1.2	−0.8	−0.5

注：(1)E 取 $2H$ 和迎风宽度 B 中的较小值；
(2)中间值可按线性插值法计算；
(3)迎风坡面参考第 2 项取值

此外，当验算非直接承受风荷载的围护构件（如檩条、幕墙骨架等）时，局部风荷载体型系数 μ_{sl} 可按构件从属面积 A 进行折减，折减系数按下列规定采用：

（1）当 $A \leq 1\text{m}^2$ 时折减系数取 1.0。

（2）当 $A \geq 25\text{m}^2$ 时，对墙面折减系数取 0.8，对局部体型系数绝对值大于 1.0 的屋面折减系数取 0.6，对其他屋面折减系数取 1.0。

（3）$1\text{m}^2 < A < 25\text{m}^2$ 时，墙面和绝对值大于 1.0 的屋面局部体型系数可采用对数插值，按下式计算局部体型系数：

$$\mu_{sl}(A) = \mu_{sl}(1) + [\mu_{sl}(25) - \mu_{sl}(1)]\log A / 1.4 \qquad (4\text{-}17)$$

2）内压局部体型系数

阵风系数 β_{gz} 反映了脉动风压的瞬时增大作用，可表示为具有一定保证率的瞬态峰值风压与平均风压的比值，即：

$$\beta_{gz} = \frac{\hat{\omega}(z)}{\overline{\omega}(z)} = 1 + g\frac{\sigma_\omega(z)}{\overline{\omega}(z)} = 1 + g\frac{2v(z)\sigma_u(z)}{v^2(z)} = 1 + 2gI_u(z) \qquad (4\text{-}18)$$

式中　$\hat{\omega}(z)$、$\overline{\omega}(z)$、$\sigma_\omega(z)$——分别为 z 高度处的峰值风压、平均风压和脉动风压均方根值；

g——峰值因子取 2.5；

$v(z)$、$\sigma_u(z)$——分别为 z 高度处的平均风速和脉动风速均方根值。

由于 2012 荷载规范采用了与高度无关的 Davenport 谱来描述脉动风速，因此 $\sigma_u(z)$ 也与高度 z 无关。则顺风向湍流度 $I_u(z)$ 可表示为：

$$I_u(z) = \frac{\sigma_u(z)}{v(z)} = \frac{\sigma_u(10)}{v_{10}(z/10)^{-\alpha}} \tag{4-19}$$

将式（4-19）带入式（4-18）得：

$$\beta_{gz} = 1 + 2gI_{10}(z/10)^{-\alpha} \tag{4-20}$$

可以看出，$I_u(z)$ 和 β_{gz} 仅与地面粗糙度类别和离地高度有关，地面粗糙度越大，$I_u(z)$ 和 β_{gz} 越大；离地高度越大，$I_u(z)$ 和 β_{gz} 越小。

依据式（4-20），2012 荷载规范制成了不同地面粗糙度和不同离地高度下的阵风系数表，见表 4-7，可用于计算围护构件（包括门窗）的风荷载。

阵风系数 β_{gz} 表 4-7

离地高度（m）	地面粗糙度类别			
	A	B	C	D
5	1.65	1.70	2.05	2.40
10	1.60	1.70	2.05	2.40
15	1.57	1.66	2.05	2.40
20	1.55	1.63	1.99	2.40
30	1.53	1.59	1.90	2.40
40	1.51	1.57	1.85	2.29
50	1.49	1.55	1.81	2.20
60	1.48	1.54	1.78	2.14
70	1.48	1.52	1.75	2.09
80	1.47	1.51	1.73	2.04
90	1.46	1.50	1.71	2.01
100	1.46	1.50	1.69	1.98
150	1.43	1.47	1.63	1.87
200	1.42	1.45	1.59	1.79
250	1.41	1.43	1.57	1.74
300	1.40	1.42	1.54	1.70
350	1.40	1.41	1.53	1.67
400	1.40	1.41	1.51	1.64
450	1.40	1.41	1.50	1.62
500	1.40	1.41	1.50	1.60
550	1.40	1.41	1.50	1.59

4.2 大跨度屋盖结构抗风设计

一般认为跨度超过 60m 的刚性屋盖（如网架、网壳）或超过 36m 的柔性屋盖（如索膜结构）即为大跨度屋盖结构。此类结构多用于体育馆、会展中心、机场航站楼等大型公共建筑中，因此其抗风安全性和可靠度往往受到更多关注。

大跨度屋盖结构的形式丰富多样，结构静动力性能复杂，这使得一些针对高层、高耸结构提出的相对成熟抗风设计方法无法直接应用于大跨度屋盖结构。国内外规范对于大跨度屋盖结构的抗风设计也只有一些原则性条文，尚无明确方法。刚性屋盖设计相对简单成熟，这里对一些典型的大跨度刚性屋盖结构的静力风荷载和动力风效应予以介绍。而柔性屋盖由于涉及复杂的气动弹性问题，而且有些尚无定论，故不在本节讨论之列。

4.2.1 抗风设计要求

大跨度屋盖结构的风致失效形式主要有：

（1）结构或构件内力达到极限，发生屈服、断裂、失稳等破坏。

（2）频繁的大幅度振动使结构不能正常工作。

（3）结构长时间的振动造成材料的疲劳累计损伤，引起结构破坏。

（4）因连接强度不足，导致围护结构（如屋面板）被风掀起。

从实际破坏情况来看，前三种破坏实例较少，而围护结构破坏较为常见，因此在进行大跨度屋盖抗风设计时应予以重视。

1.强度要求

要求主体结构和围护结构在设计风荷载作用下不发生强度破坏，这里的强度既包括主体结构的构件强度，也包括围护结构的连接强度。

2.刚度要求

我国《空间网格结构技术规程》JGJ 7—2010 给出的结构在恒荷载和活荷载标准值的作用下的容许挠度值见表 4-8。

空间网格结构的容许挠度值

表 4-8

结构体系	屋盖结构（短向跨度）	悬挑结构
网架	1/250	1/125
单层网架	1/400	1/200
双层网架 立体桁架	1/250	1/125

4.2.2 风荷载体型系数

大跨空间结构屋盖多呈复杂曲面造型，且形式多样，其表面风荷载往往无法根据已有资料确定，2012 荷载规范提供的数据也远不能满足实际工程的要求。综合国内外研究成果和相关规范，表 4-9 给出了一些典型形状的大跨度屋盖结构风荷载体型系数。

大跨屋盖结构的风荷载体型系数   表 4-9

项次	结构类型	结构体型及体型系数 μ_s
1	封闭式双坡屋顶	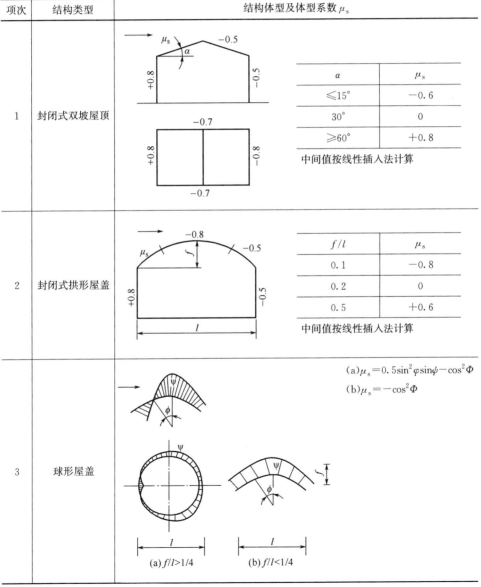
2	封闭式拱形屋盖	
3	球形屋盖	

项次	结构类型	结构体型及体型系数 μ_s					

悬挑屋盖 项次4：

α	μ_{s1}	μ_{s2}	μ_{s3}	μ_{s4}
$\leqslant 10°$	-1.3	-0.5	$+1.3$	$+0.5$
$30°$	-1.4	-0.6	$+1.4$	$+0.6$

从表 4-9 可以发现，大跨度屋盖表面的风荷载以吸力为主，且靠近迎风侧屋盖前缘部位的风吸力较大，向下游方向风吸力逐渐减弱。从屋盖表面的流动机理分析，可将屋面分成分离区、再附区和尾流影响区三部分。分离区主要位于屋盖迎风前缘，当屋盖矢跨比较大时，也可能出现在屋脊附近，由于来流在该区域产生分离泡，形成较大的旋涡，故其平均风吸力较大且脉动风压波动较剧烈。由于大跨度屋盖的跨向尺度较大，因而分离后的气流还会再次附着在屋盖表面上，形成再附区。再附区的旋涡尺度较小能量衰减较快，因而平均风压和脉动风压均有所降低。在屋盖下风向边缘区域，由于受到尾流旋涡脱落的影响，风压波动会有所增强，但总体小于分离区。

此外从表 4-9 还可以发现，风荷载对屋面曲率或坡度的变化较为敏感，随着屋面曲率和坡度的增加，屋盖表面的风压可能由以风吸力为主，逐渐过渡到以风压力为主。这种由于受到建筑形状影响所发生的分离、再附等二次流动现象称为特征湍流。

再有，风向对屋盖风荷载影响也较大。不同风向角下，来流的分离和旋涡脱落作用均有较大的不同，平均风压最大值的出现位置也不同。因此在设计时，应注意最不利风向角对屋面风荷载的影响。

4.2.3 抗风设计流程

屋盖结构的风振响应和等效静力风荷载计算是一个复杂的问题，与高层及高耸结构相比，其风振响应存在很多本质性的差异。

首先，高层高耸结构的顺风向风振主要受来流湍流的影响，因而可以应用拟定常假定直接由风速谱来估计风压谱；而大跨度屋盖的风振是由来流湍流和特征湍流的联合作用引起的，此时拟定常假定不再适用，需要通过风洞试验来确定屋盖表面的风压谱。

其次，高层高耸结构的顺风向风振通常以一阶振型为主，而大跨度屋盖结构多具有自振频率分布密集且相互耦合的特点，因此在进行结构风振响应分析时，必须考虑多阶振型的影响，这就使基于振型叠加原理频域分析方法受到限制。

再有，高层高耸结构的设计控制点相对明确，通常为顶点位移和基底弯矩，因而可以采用风振系数来简化其等效静风荷载的计算；而大跨屋盖结构由于形体复杂，设计控制点往往较多，因而在确定风振系数时往往存在不同控制点的风振系数差异较大的问题。

此外，高层高耸结构除顺风向振动外，还存在横风向振动和扭转振动；而大跨度屋盖结构由于形体复杂，很难区分何为顺风向振动，何为横风向振动和扭转振动，通常认为其以在脉动风荷载作用下的受迫振动为主。通常情况下刚性屋盖也不大可能出现类似颤振那样的气弹失稳式振动，因为多数屋面结构不足以产生使气动力明显改变的大变形。

综上所述，大跨度屋盖结构的抗风设计基本流程为：先通过风洞试验来确定屋盖表面风荷载；再根据风洞试验获得的脉动风压时程，采用动力时程分析的方法进行结构风振响应分析，最后根据设计关心的若干控制点进行荷载等效。此外对于围护结构也应根据风洞实验结果，采用统计分析的方法确定屋面各区域在所有风向下的风压极值（包括最大正风压和最大负风压），进而得到用于围护结构的阵风系数。上述过程如图 4-2 所示。

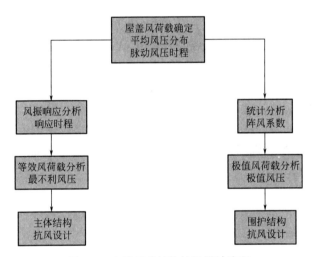

图 4-2 大跨屋盖结构抗风设计流程

第5章

既有大跨空间结构抗风加固

随着建筑物和构筑物的高度越来越高，跨度越来越大，以及轻质高强材料的广泛使用，抗风设计的重要性日益凸显。特别是在某些非高烈度抗震区，抗风设计已成为超高层或超大跨建筑设计中的控制因素。如何改善结构抗风性能就成为结构设计中需要考虑的重要问题。

5.1 结构加固措施

网架最初的加固方式多与钢材的加固方法类似，因为钢管材料多为钢的。传统的钢结构加固，一般采用焊接、柳接和粘结的方法。但是，在已建成的结构上应用焊接方法时，焊接产生的高温会使结构产生很大的温度应力，产生明显的结构变形。因此，重要的钢结构工程在建成后，一般禁止大规模的焊接；而柳接需要在结构上钻孔，会削弱构件的强度，在已建成的大型结构上，大量的柳接也是受到限制的。上述两种方法还有一个共同的缺点，即后补的钢板，仅周边部位与结构连接在一起，板与板之间存在一定空隙，不能形成整体结构进行协同工作，很难达到理想的补强加固效果。

传统的钢结构加固方法主要有：

（1）减轻荷载。即使用轻质材料或其他减轻荷载的方法。例如，在屋架下弦节点设置临时支柱或组成撑杆式结构，进行卸载。

（2）改变结构静力计算模型。即通过调整原结构的应力分布，使其符合重分布后的设计内力，进而改善被加固结构或构件的受力状况，减少加固工作量。例如，增加支撑以增加结构的刚度，减少构件的长细比；调整结构自振频率以增强抗震能力；采用改变荷载分布情况、变更构件的支座条件、施加预应力等方法；增设撑杆、加设拉杆或将静定结构变为超静定结构，来改变桁架的内力；使被加固构件与其他结构协同工作，形成混合结构，以改善受力情况。成都某游泳馆屋顶采用了非规则双坡折返螺栓球网架结构体系，加固时，为了避免支座水平力的负作用，通过增加张弦拉索，充分发挥拉索在结构内形成的自平衡作用，将结构变为张弦网架结构，改善了结构竖向刚度和整体的应力水平。

（3）加大原结构构件截面。即在原有结构杆件上增设新的加固构件，使原杆件截面面积增大，从而提高其承载力和刚度。该方法施工操作简单，是钢结构加固工程中最常用的方法，并在一定条件下可在负载状态下进行加固，对生活生产的影响较小。

　　随着加固技术的发展，出现了一些新型的方法。诸如套管加固法、粘钢加固法、粘贴 FRP 加固法等结构快速修复技术得到了较快的发展。

　　下面对套管加固法、粘贴纤维布加固法、粘钢加固法、预应力加固法等方法进行介绍。

5.1.1　套管加固法

　　套管加固法[38] 一般是在损坏的网架杆件外表面焊接角钢或直接外套大一型号钢管（内外管件之间空隙需要用内支撑连接），通过加劲肋板有效的力学传递，使新旧杆件共同受力，以加强新增外加管的受力性能，确保给予原内管强大的支撑约束，提高抗弯性能，避免发生屈曲失稳。套管加固法常见形式，如图 5-1 所示。

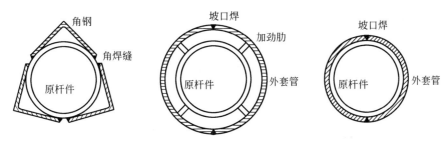

图 5-1　套管法加固常见形式

　　套管加固法易在杆件中形成焊接残余应力且对焊接施工质量要求较高，同时施焊过程中产生的火星可能损坏网架吊顶装饰，因此其实际应用受到一定限制，为克服传统套管法的不足，并且满足结构消能减震设计需要，屈曲约束支撑（Buckling Restrained Brace，BRB），得到了较快的发展，近年对装配式 BRB 的研究获得了较多关注。装配式屈曲约束支撑的形式灵活多样，其内部支撑构件通常采用一字形、十字形及圆管截面，外围约束构件则由常见的型钢通过螺栓装配而成，如图 5-2 所示，因此现场施工拼装非常方便，且精度也容易控制。可将装配式 BRB 中的防屈曲技术改进后应用于网架受压杆件加固，以期形成一套效果显著、经济可行且便于施工的新型加固技术。

　　加固杆件构造示意图见图 5-3，利用薄壁槽（C形钢）或薄壁矩管作为外加约束单元，2 片约束单元利用卡槽与网架杆件定位，并通过普通 M12 螺栓装配形成整体，内部卡槽同时也起加劲肋作用。为使加固杆件主平面稳定承载力接近，约束单元截面宜接近方形。

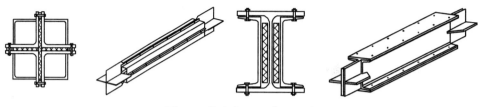

图 5-2　装配式 BRB 典型形式

图 5-3　加固杆件构造示意图

外部约束构件在满足防屈曲条件的前提下宜采用较薄板材加工，但两端部卡槽由于应力较大，建议增大板厚或者设局部加劲肋。采用防屈曲技术加固既有网架压杆的方法，降低了施工难度且缩短了施工周期，能够带来良好的社会与经济效益，也对其他类似加固工程有一定参考价值。

5.1.2　粘贴纤维布加固法

用纤维来对各种建筑物和结构进行加固是一项古老的技术，例如人们开始第一次利用稻草在黏土砖住宅的墙壁和屋顶进行加固。这些早期加固方式的优势是能同时利用两种不同材料的材质属性。第二次世界大战后，纤维聚合物增强的应用主要局限于军事船体、潜艇和飞机部件。20 世纪 60 年代，由于纤维聚合物良好的非腐蚀性，其开始应用于结构领域。例如玻璃纤维增强聚合物作为一种替代环氧涂层钢筋的材料应用于桥面板、海墙和易受化学环境侵蚀的楼板。在 20 世纪 80 年代，由于纤维材料的高强度和易于安装的特性，纤维加固开始在欧洲和日本流行。20 世纪 90 年代，使用纤维加固在北美、欧洲和亚洲继续变得更加普遍，完成了许多修复和加固项目。生产纤维材料的公司数量逐年增加，这主要是因为钢筋混凝土梁的抗弯加固一般不再采用外粘钢板加固法。这不仅是因为其安装困难，钢板的腐蚀也是一个严重问题。

用碳纤维粘贴于网架结构表面进行加固与粘钢法机理类似，即在需要加固结构的外层，用胶粘剂将碳纤维布包裹于杆件外层，从而使得纤维布与结构共同受力，增加了结构的刚度。而且与钢材相比，纤维布的抗腐蚀性较强，从而使得结构对外界环境的适应性更强。碳纤维布具有较强的抗拉性能，一般要 10 倍于钢材的抗拉强度，且没有屈服点，当杆件受力进入塑性阶段时，纤维布将仍处于弹性状态，对杆件的塑性变形将有延缓的作用。

纤维材料粘贴加固法施工简捷，材料自重轻，对结构的极限承载力提高显著，造价低，不改变建筑物的外观。

例：某空间网架结构模型[39]，其尺寸为 5m×5m，其中每个单元网格尺寸为 1m×1m，网架结构高度为 0.7m，其各个构件均为统一的标准构件，其中各个杆件的尺寸采用 ϕ89×5 的钢管，具体尺寸如图 5-4 所示。

网架结构所承受的恒载包括结构自重、附属设备重量及屋面静载等，经计算后为 1.32kN/m²，活载参考 2012 荷载规范取 0.5kN/m²，此次计算不考虑风荷载的作用。由于暴雪导致网架结构垮塌的事故在实际中较为常见，所以雪荷载在计算时不可忽略。此次分析按照 50 年一遇的雪荷载进行计算，取 0.36kN/m²。

整个结构中各个杆件采用 ANSYS 中的 Link8 单元进行建模，网架结构上弦平面的周围节点为铰支约束，其余部位均为自由约束。

网架结构一般均采用钢制材料，直接承受外界风雨的侵蚀，在使用一段时间后，如不加以合理的管养，很容易出现锈蚀，从而导致结

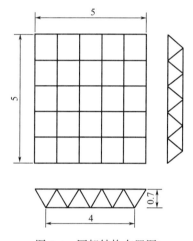

图 5-4　网架结构布置图

构的受力发生变化，使得结构变形增大。在对许多既有网架结构进行调查的基础上，钢制构件的锈蚀深度一般在 1mm 左右，这样会使得本来壁厚就不大的构件有效承载截面面积变得更小，从而使得结构承载力减小，会出现不满足结构使用要求的情况，进行有限元模拟时也应考虑锈蚀情况。

对网架结构进行三种工况下的有限元模拟，分别是普通锈蚀情况、套管加固情况以及粘贴纤维布加固情况，得到的模拟结果如下：

使用套管对既有锈蚀结构进行加固后，其竖向挠度减小 30%，杆件最大轴力减小幅度为 2%。套管加固可以有效地减小结构的竖向挠度，但是由于此处采用的整体全部加固的方案，新加套管的自重也增加了许多结构的荷载，使得结构杆件轴力的减小幅度并不是太大，但是由于构件的承载截面面积增大了许多，结构的承载能力有了很大的提高。

在使用粘贴纤维布对既有锈蚀结构进行加固后，其竖向挠度减小幅度为 8%，纤维布的加固并未使得结构轴力有所变化，但是由于其对杆件的约束作用，

使得结构承载能力明显增加，而且使杆件应力有所减小。碳纤维布由于自重很轻，对结构造成的自重作用几乎可以忽略。

在对网架结构中常用的两种加固方法进行对比分析后可以看出，套管加固的方法对结构挠度及应力的减小上效果更为优良，这是因为套管加固中的钢管不管在杆件承受压力和拉力的情况下都能较好的发挥材料的特性，而纤维布在杆件受压时能发挥其抗拉能力较强的优势，很好地箍住钢管。虽然套管法的效果从分析结果上来看占优势，但是其自重较大，从而给结构带来的外加荷载太大，使得结构及结构基础所承受的恒载更大，纤维布则不存在自重较大的问题。套管加固法通常要在加固时进行焊接施工，并且在结构原杆件外侧添加其他形式杆件后，结构的美观性会大打折扣，甚至改变原结构的原有艺术形式，而且自重较大，对结构也会造成较大的变形。由于纤维布具有一定的柔性，使得其在加固的时候能够很好地随着结构的形式发生相应的改变，从而保持结构外观的美观性而不受较大的影响。而且纤维布具有较强的抗腐蚀特性，能够防止钢构件的进一步锈蚀，从而保持结构的美观性。纤维布在对网架结构进行维修加固时，并不需要对结构进行焊接作业，只需要配上相应的胶粘剂即可，而且粘结效果非常的优良，从而使得施工作业更为便捷。

5.1.3 粘钢加固法

粘钢加固法是采用高粘结强度的粘结材料（建筑结构胶）将钢板粘附于构件承载力不足区段（正截面受拉区、正截面受压区或斜截面）的表面，利用钢板与构件表面的粘结力来传递剪力，使钢板与原有构件形成一体，形成二次组合受力构件，使其整体工作共同受力。该方法的实质是一种体外配筋，与钢筋混凝土结构中的钢筋与混凝土的关系一样，外粘钢板作为受拉钢筋的一部分起着受拉钢筋的作用，通过提高原构件的配筋量，从而相应提高构件的刚度、抗拉、抗压、抗弯和抗剪等方面的性能，对于粘钢法所采用的连接方法也不仅限于胶粘剂，也可采用铆接和焊接的方法。

粘钢法在桥梁及房屋加固中应用较多，从而被引进到空间网架结构加固中来，作为一种通用的加固方法，其优点是用粘贴来代替焊接作业从而避免了结构的焊接应力及受热变形，作业时间短、工期短、技术先进可靠等。缺点是钢板或角钢的运输比较费时费力，且加固后影响原有建筑物的美观，原结构的尺寸增长较多，减小了原结构的活动范围；施工工序较繁琐，占用的场地大，材料费用高；抗腐蚀能力差；在构件未达到极限抗拉强度前容易发生粘结破坏，不便于施工，应用较少。

（1）相对增大截面、增加构件加固法，粘贴钢板法具有所占空间小、施工及养护周期短的优点，不用增加较大的结构恒载而影响结构及基础承载能力。

（2）相对粘贴碳纤维片加固法，粘贴钢板法可恢复结构所拥有的延性，不会约束构件中应力重分布。

（3）相对预应力加固法和改变结构受力体系加固法，粘贴钢板法施工方法简单、易操作、易控制质量，不用设置永久设施，具有人力投入少、干扰交通少、工期短、经济效益明显等优点。

工程实例[40]：某加油站空间网架结构鉴定加固改造系列工程中，主要采用焊接套管的加固技术，以提高加油站网架结构的承载能力。为克服目前焊接套管加固技术中存在的部分问题，提出了外粘钢管的新型加固技术。该项加固技术是在原钢管中心处，对称粘结沿长度方向的外加圆钢管。外加圆钢管内部施加结构胶，依靠结构胶致使外粘钢管与原钢管形成整体协同工作状态，从而提高杆件的承载能力。

利用外粘圆钢管提高杆件受压承载能力的加固措施，可以有效地避免焊接套管加固技术开展过程中存在的诸多问题。外粘圆钢管加固技术在施工过程中，由于不需要焊接作业，因此可有效地避免明火的出现，从而大大提高了施工过程中加油站的安全可靠度。同时该加固技术施工操作简便，因此可大幅度地提高施工效率，从而最大限度地减少加固施工对加油站正常营业的影响。

对粘贴钢加固前后的杆件进行有限元模拟，发现经采取加固措施后，杆件的轴向受压承载能力提高了 41.2%。且外粘钢管长度对原钢管的加固效果有显著影响。其他条件相同时，加固后杆件的极限承载力随外粘钢管长度的增大而显著提高。同时，加固长度越长，加固后杆件的初始刚度越高。外粘钢管壁厚的增大对加固后杆件的极限承载力具有一定的提高作用。随着壁厚的增大，杆件的极限承载力也相应地增大。

5.1.4　预应力加固法

众所周知，钢材的抗拉与抗压强度相等，普通钢结构仅利用了钢材的单向强度（抗拉或抗压强度）。如果能使结构或构件获得与外荷载作用时相反的预应力，则该部分的钢材在理论上可以承受二倍的外荷载，强度也提高一倍，因此体外预应力技术便是一种切实可行的方案。体外预应力结构体系是后张预应力结构体系的重要分支之一，它与传统的预应力筋布置于结构内的内预应力相对应，是指对布置于承载结构主体之外的钢索施加预应力所形成的预应力结构体系。它的适用范围非常广泛，一方面可以用于桥梁、特种结构和建筑工程结构等新建结构，另一方面也可用于既有的混凝土结构、钢结构的重建、加固、维修，同时体外预应力技术还可用于临时性预应力结构和施工临时性钢索。

预应力网架加固形式如图 5-5 所示。

预应力体系加固网架结构与其他方法相比较具有很强的优点，例如，在原结

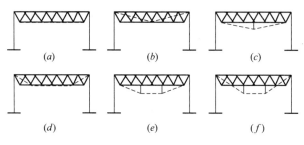

图 5-5　预应力网架加固形式

构上施加预应力体系之后，使其刚度增强，变形能力有所改善；可对原结构构件所承受的应力峰值有所调节，使得受力更为均匀；具体加固方式可根据工程实际情况进行灵活多变的布置，而且施工过程中对既有结构构件扰动较小，工艺较为简单便捷。该方法主要应用于大跨度的结构以及应力-应变较集中的大型结构，不仅具有加固的效果，同时还能分担结构荷载，降低结构内力。该方法施工方便、经济可靠、分散结构的应力-应变集中区域，结构的承载能力以及抗裂强度得到显著改善。

工程实例[41]：某大型商场建于 1991 年，大、小中庭屋盖均为网架结构，上盖彩钢夹芯板屋面，整幢建筑几易其主并经多次改造。2008 年 8 月对网架增加具有豪华造型的叠级吊顶、马道、灯饰等，由于荷载增加需对原网架进行整体受力复核，以确保使用安全，工期要求从设计到施工完毕 10 个月内完成，无条件拆卸网架。

普通网架改造为预应力网架的加固方法，就是对普通网架的杆件、球节点不直接采取加固措施，而是在普通网架上增设预应力结构体系，利用预应力结构的竖向分力对网架施加反向荷载，调整杆件内力，使杆件在施加预应力时的施工阶段及施加预应力后的使用阶段的应力均在设计控制应力范围内，源于"强节点弱杆件"的设计原则，内力调整后的杆件如能满足要求，球节点也必定能满足，从而避开对球节点的加固。

预应力结构的竖向分力按照网架及屋面结构荷载标准值的 80% 左右取值，本例在网架平面内（图 5-6）的 2～5 轴 4 榀拱桁架下弦节点处各设 3 个反向荷载作用点，即 12 个球节点上近似平均分配上述荷载取值，并由此确定预应力钢绞线的数量及张拉控制应力。

预应力结构体系计算简图详见图 5-7，PE 钢绞线 $f_{ptk}=1860\mathrm{MPa}$，$A_{p0}=98.7\mathrm{mm}^2$，$\sigma_{con}=0.4f_{ptk}$，压杆为 I 14，预应力损失 $\sigma_{l1}=\dfrac{\Delta a}{l}E_{ca}=21.89\mathrm{MPa}$，张拉控制应力低，不考虑预应力松弛损失。

有效张拉应力：

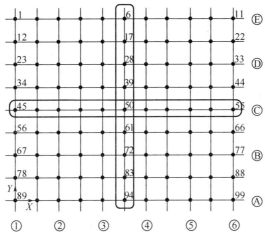

图 5-6 网架下弦单元节点编号

$$N_{pe} = (\sigma_{con} - \sigma_{l1}) A_{p0} = 71.27 \text{kN}$$

C 点竖向分力：

$$F_{cv} = N_{pe} (\sin\alpha + \sin\beta) = 25.24 \text{kN}$$

其中 $\alpha = \arctan \dfrac{1.2}{4.4}$，$\beta = \arctan \dfrac{1.2}{13.2}$

C 点水平向分力：

$$F_{ch} = N_{pe} (\cos\alpha - \cos\beta) = 2.22 \text{kN}$$

D 点竖向分力：

$$F_{dv} = 2N_{pe}\sin\theta = 19.26 \text{kN}，其中 \theta = \arctan \dfrac{1.2}{8.8}$$

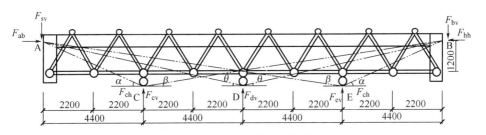

图 5-7 预应力结构体系计算简图

通过工程实践将普通网架改造为预应力网架，改造后加固效果良好，此改造法可有效地提高原网架正常使用状态下的极限承载力，且不必对现有网架进行拆卸，具有施工简单快捷、造价低廉的优点。利用 SAP2000 软件可对网架的变形、杆件的应力水平进行准确的控制，且不必考虑球节点承载力的限制条件。

5.1.5 其他加固法

除了以上较为常规的几种网架结构加固方法，工程实际中还有许多较为特殊和新颖的加固方法，例如，对既有网架沿边缘进行扩大，可减小结构跨中部位的应力和挠度，但此方法会使得结构支座处有负弯矩，需要对此处进行验算。前面讲过，在使用焊接技术对结构进行补强操作时，很容易引起新的缺陷，且施工很不方便，因此有人提出了使用外包槽钢的方法来进行加固，此方法施工较为便捷，但是对结构构件外形会有所改变，美观上有所欠缺。随着建筑工程材料的不断研究和发展，新的建筑材料不断地被应用到结构中来，将会提出更多相应的新颖的加固材料和方法。

5.2 耗能减振措施

大跨空间网架屋盖结构的耗能减振是在网架中设置阻尼器或者将耗能杆件替代网架杆件来达到耗能减振的目的。一般来说网架杆件在风激励下变形不是很大，耗能效果具有一定的局限性。同时，对于不同的激励，网架杆件的受力和变形情况不尽相同，为使加设的阻尼器能有效地减小各种风激励，加设位置的优化和分析是非常必要的，且具有一定的难点。该种结构的分析一般采用有限元分析方法，用耗能元件模型模拟网架结构中的耗能杆件，对大跨网架结构进行分析和计算。图5-8给出了大跨空间网架结构的耗能减振措施示意图。

常见阻尼器包括黏滞阻尼器、黏弹性阻尼器、铅挤压阻尼器、软钢板阻尼器等。

空间网架结构中阻尼器布置位置与减振效果如下：

（1）阻尼器布置在网架或抗侧力结构中，均可达到减振目的。布置在抗侧力结构中的控制效果好于布置在网架中；网架和抗侧力结构均布置阻尼器，可进一步提高减振控制效果。

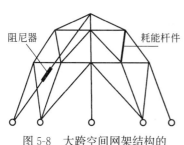

图5-8 大跨空间网架结构的
耗能减振措施示意图

（2）阻尼器布置在网架中，采用相同的控制方案时，非线性阻尼器和线性阻尼器的减振效果相同；采用替换方式的减振效果好于附加方式；替换下弦与中弦之间的腹杆的减振效果好于替换中弦与上弦之间的腹杆。

（3）阻尼器的布置位置对减振效果起决定作用。网架中阻尼器集中布置在四边中部的减振效果较好，抗侧力结构中阻尼器直接连接基础与网架下弦节点的控制效果较好。

（4）阻尼器布置数量宜适中。随着阻尼器数量的增加，减振率增加幅度明显减小。

在空间网架结构中布置的阻尼器分以下两类：

（1）增设于网架上弦或下弦节点间的冗余杆件，主要用于控制网架水平方向振动作用。由于上弦杆件上需要做屋面部分，设置阻尼器较不方便，同时也不方便日后的检查与维护，在分析中可仅将阻尼器设置于下弦。

（2）采用阻尼杆件替换原网架杆件，拟采用的阻尼器主要用于控制网架结构竖向振动作用。阻尼器与网架杆件应在同一个数量级上，这样不至于使网架的动力特性发生明显变化。

阻尼器布置要进行方案优化。替换哪些（多少）杆件可以得到较好的控制效果，需要进行多个控制方案的比较。首先要对阻尼器布置的位置进行分析，同时，考虑到经济和安全的角度，还要确定合适的阻尼器数量。

5.2.1　黏滞阻尼器

黏滞阻尼器[42]一般由缸体、活塞和黏性液体所组成，缸体内装有硅油或者其他黏性液体，活塞上有孔，黏性液体通过对活塞和缸体的相对运动产生阻尼来消耗振动能量。黏滞阻尼器以结构形式的不同进行分类，主要分为三类，圆柱状筒式黏滞阻尼器、黏滞阻尼墙、液缸式黏滞阻尼器。

筒式黏滞流体阻尼器由 GERB 公司制造，其结构形式如图 5-9 所示。这种阻尼器通过活塞在诸如硅凝胶体等高浓度、高黏滞性的流体内运动并使之变形，进而耗散振动输入结构的能量将机械能转化为热能，从而达到减振的目的。

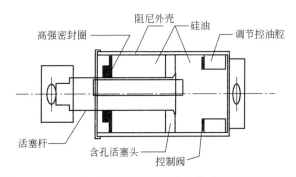

图 5-9　GERB 公司生产制造的圆柱状筒式黏滞流体阻尼器

上述阻尼器是在较大的开阔的容器内通过对流体的局部扰动而产生阻尼耗能。而液缸式黏滞阻尼器则是由于其中的流体受外界扰动流过孔隙或间隙而耗能，最典型的产品是由美国 Taylor 设备公司生产的黏滞流体阻尼器，如图 5-10

所示。Taylor 设备公司生产的阻尼器的不锈钢活塞杆铜头周围为环形间隙，且该铜头内设计有可抵偿温度变化的双金属恒温器可使其在－40～70℃内运行良好，这种阻尼器的另一端则是为了抵偿由于活塞杆的运动对硅油容积的改变而特殊设计的调节贮油腔，为阻止回弹刚度的发生而设计的。为杜绝由于硅油的可压缩性产生的回弹刚度，我国大陆和台湾地区的一些研究人员对此类黏滞阻尼器内部构造进行了改进，将活塞杆一直延伸到另一端，做成贯通式的双推杆黏滞阻尼器，这样当结构体系受扰动时，推杆的一端进入油，另一端从油缸内出来，进出油缸的推杆体积正好相等，从而避免设置调节贮油腔。故这样设计的黏滞阻尼器的构造大大简化，使其性能更趋合理。

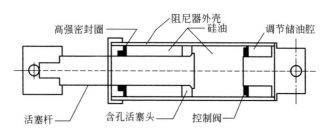

图 5-10 Taylor 设备公司生产的黏滞流体阻尼器

根据活塞杆构造不同，可将液缸式黏滞阻尼器分为单出杆黏滞阻尼器和双出杆黏滞阻尼器两大类，根据活塞上耗能构件的构造不同，液缸式黏滞阻尼器可分为孔隙式、间隙式和混合式阻尼器三种。孔隙式黏滞阻尼器是指在活塞上留有小孔，活塞和缸筒内壁密封的黏滞阻尼器，见图 5-11。间隙式黏滞阻尼器是指活塞和缸筒内壁留有间隙，见图 5-12。混合式黏滞阻尼器是指活塞上有小孔，且活塞与缸筒内壁留有间隙的阻尼器。

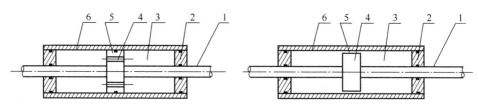

图 5-11　孔隙式黏滞阻尼器　　　　图 5-12　间隙式黏滞阻尼器
1-活塞杆；2-密封和导向套；3-油腔；　　1-活塞杆；2-密封和导向套；3-油腔；
4-阻尼孔；5-活塞；6-油缸　　　　　　4-活塞；5-阻尼间隙；6-油缸

用于土木工程的黏滞阻尼器作为速度相关型耗能装置，可用一阶 Maxwell 模型描述其力学行为：

$$F_d + \lambda \dot{F}_d = C_0 \dot{u} \tag{5-1}$$

式中　F_d——阻尼力（kN）；

　　　λ——放松时间系数；

　　　C_0——零频率阻尼系数（kN·s/m）；

　　　$\dot{u}$——阻尼器两端相对速度（m/s）。

由 Maxwell 模型所求理论值与试验值比较发现，频率小于 4Hz 时 $\lambda\dot{F}_d$ 项可忽略，即阻尼效应表现为与频率无关的纯黏滞特性。风或地震作用时大多数工程结构振动均为小于 4Hz 的低频振动，故式（5-1）可简化为：

$$F_d = C_0\dot{u} \tag{5-2}$$

式中　C_0——阻尼器的黏滞阻尼系数（kN·s/m）；

　　　$\dot{u}$——阻尼器两端相对速度（m/s）。

阻尼器的黏滞阻尼系数 C_0 与几何形状和工作介质性质有关[43]：

$$C_0 = K\frac{6\pi\mu L(D_0^2 - d^2)}{D_0(D-D_0)^3} \tag{5-3}$$

式中　μ——介质动力黏度；

　　　L——活塞的厚度（m）；

　　　D_0——活塞直径（m）；

　　　d——活塞杆直径（m）；

　　　D——油缸内径（m）；

　　　K——经验系数，用来考虑加工精度及活塞杆与支撑件、密封件之间摩擦件的影响。

美国 Taylor 公司将黏滞阻尼器力学模型表达为：

$$F_d = C_0\,\mathrm{sgn}(\dot{u})\,|\dot{u}|^\alpha \tag{5-4}$$

式中　C_0——黏滞阻尼系数（kN·s/m）；

sgn（）——符号函数；

　　　α——速度指数，$\alpha=1$ 时，式（5-1）与式（5-2）一致，称线性黏滞阻尼器；$\alpha<1$ 时为非线性黏滞阻尼器，阻尼力在速度较小时上升很快，随速度增加阻尼力增长变缓；$\alpha>1$ 时称为超线性阻尼器，与非线性黏滞阻尼相反，阻尼力在速度较大时增长迅速。

大跨空间结构任意时刻的风振方程为：

$$M\ddot{u} + C\dot{u} + Ku = P \tag{5-5}$$

式中　M——质量矩阵；

　　　C——阻尼矩阵；

　　　K——刚度矩阵；

　　　P——外荷载向量。

为控制结构的振动，设置黏滞阻尼器后，改变了结构的力学性能，相当于在原有结构上增设了一些特殊单元，称之为阻尼单元。设置黏滞阻尼器后阻尼矩阵 C 由两部分构成：原有结构阻尼矩阵 C_0 和由阻尼单元提供的单元阻尼矩阵集合成的总体阻尼矩阵 C_d。则设置黏滞阻尼器后的多自由度建筑结构任意时刻的运动方程为：

$$M\ddot{u} + (C_0 + C_d)\dot{u} + Ku = P \tag{5-6}$$

空间阻尼单元两端编号为 1、2，在每个结点有三个速度分量和三个相应的结点力分量。令端点 1 沿 x、y、z 轴的速度分量分别为 v_1、v_2、v_3（按右手法则），端点 2 沿 x、y、z 轴的速度分量分别为 v_4、v_5、v_6。取单元结点速度列向量为：

$$v = [v_1, v_2, \cdots, v_6]^T \tag{5-7}$$

相应的结点力向量为：

$$F = [p_1, p_2, \cdots, p_6]^T \tag{5-8}$$

单元坐标系下，F 与 v 的关系为：

$$F = C_{ed}^j v \tag{5-9}$$

$$C_{ed}^j = \begin{bmatrix} C_0 & 0 & 0 & -C_0 & 0 & 0 \\ 0 & 0 & 0 & 0 & 0 & 0 \\ 0 & 0 & 0 & 0 & 0 & 0 \\ -C_0 & 0 & 0 & C_0 & 0 & 0 \\ 0 & 0 & 0 & 0 & 0 & 0 \\ 0 & 0 & 0 & 0 & 0 & 0 \end{bmatrix} \tag{5-10}$$

式中　C_{ed}^j——单元坐标下阻尼单元阻尼矩阵。

将阻尼单元进行坐标变换，得到总体坐标系下的单元阻尼矩阵 C_{ed}，再将单元阻尼矩阵集合成整体阻尼矩阵 C_d。由于黏滞阻尼器总体阻尼矩阵 C_d 的存在，使得结构总的阻尼增加，从而达到减振目的。

黏滞阻尼器的阻尼系数 C_0 可由式（5-3）确定，也可由试验方法直接确定。黏滞阻尼器构造比较简单，且其性能一般不受频率及温度的影响，适于在实际工程中使用。

工程实例[43]：正放四角锥是常见的双层空间网格结构的组成单元，网架中采用这种组成单元的实例，也屡见不鲜。选用双层柱面网架作为算例，采用黏滞阻尼器进行风振控制。

选用 200 杆的正放四角锥型柱面网架（图 5-13）作为算例。其柱面半径 22m，柱冠矢高 9.09m，跨度 38.11m，网架矢跨比为 0.384。杆件截面尺寸均为直径 89mm，壁厚 4.5mm 圆钢管，弹性模量为 2.1×10^{11} N/m²。阻尼器参数参考 Lord 公司阻尼器的参数制定，阻尼系数为 44480N·s/m。阻尼器的位置和数量由遗传算法决定，采用和普通杆件并联的方式接入结构中。底部 12 个节点为铰支座，即只约束 X、Y、Z 方向的位移。

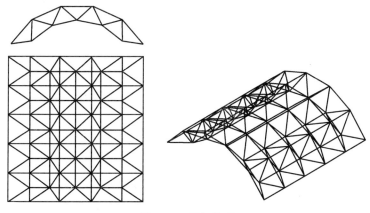

图 5-13　网架模型

采用 B 类地貌，100 年重现期，10m 高度处的 10 分钟平均基本风压取 $\omega_{0,100}=0.6\text{kPa}$，相应的基本风速为 $U_{10}=\sqrt{1670\omega_{0,100}}=31.654\text{m/s}$，地貌对应的梯度风高度为 $Z_G=350.0\text{m}$，$\alpha=0.16$。双层柱面网架及节点示意见图 5-14。

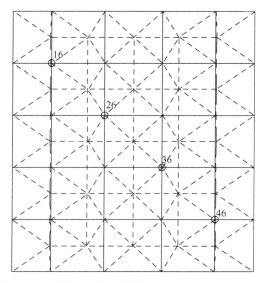

图 5-14　双层柱面网架及节点 16、26、36、46 示意图

对称冲击荷载下阻尼器最优布置。对布置 30 根阻尼器与布置 70 根时对风振的减振效果进行计算，结果见图 5-15 与图 5-16。

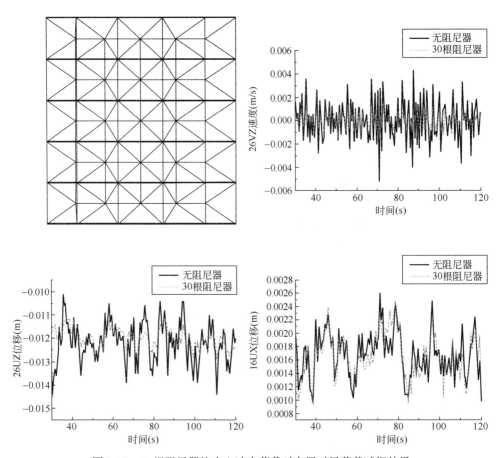

图 5-15　30 根阻尼器按中心冲击荷载时布置对风荷载减振效果

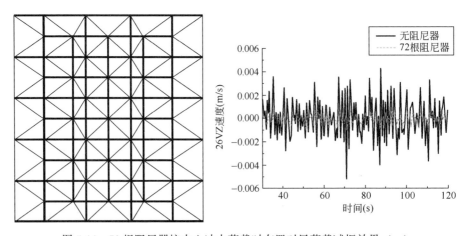

图 5-16　72 根阻尼器按中心冲击荷载时布置对风荷载减振效果（一）

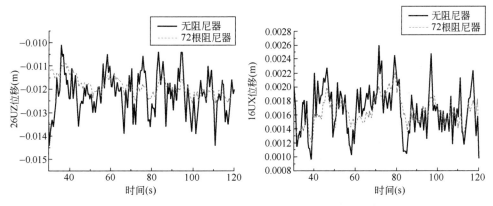

图 5-16　72 根阻尼器按中心冲击荷载时布置对风荷载减振效果（二）

由图 5-15 与图 5-16 可知，布置 72 根阻尼器时减振效果比布置 30 根时增加很少。这种按对称冲击荷载的情况优化布置阻尼器，对跨中的振动控制效果较好。

随机非对称冲击荷载下阻尼器最优布置。对布置 32 根阻尼器与布置 72 根时对风振的减振效果进行计算，结果见图 5-17 与图 5-18。

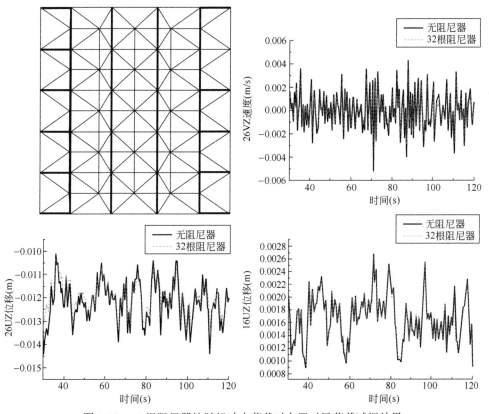

图 5-17　32 根阻尼器按随机冲击荷载时布置对风荷载减振效果

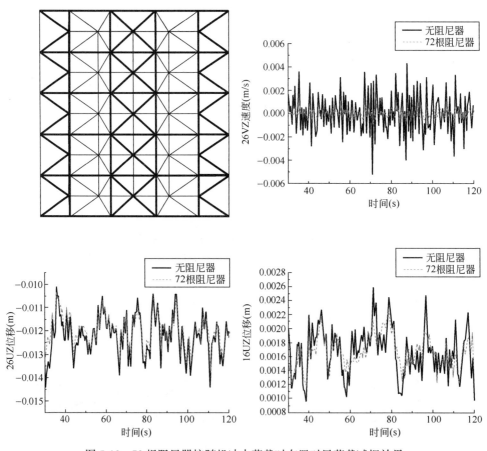

图 5-18 72 根阻尼器按随机冲击荷载时布置对风荷载减振效果

由图 5-17 与图 5-18 可知，这种布置原则下的减振效果不如第一种布置有效果。第一种按照对称寻优得到的阻尼器布置位置更适合减小风荷载对结构的作用。

通过上述两种不同布置原则算例的对比分析，可以得出以下的结论：

（1）第一种布置原则更适于风荷载下结构减振，使整个结构的振动幅值的峰值降低，对于结构整体抗风是有利的。

（2）第二种布置原则在阻尼器多时和第一种布置原则减振效果相同，而在阻尼器数量很少时，则明显不如第一种更有效果。

（3）在采用第一种原则布置时，可以发现布置 30 根阻尼器时，减振效果已经和布置 72 根时很接近了。同样说明，只要合理布置阻尼器就可以大幅减少阻尼器数量，而达到不错的减振效果。

5.2.2　黏弹性阻尼器

最早的黏弹阻尼器[44] 是由美国 3M 公司的 Mhamooid 研制开发的，用于控制结构的风振。1972 年建成的纽约世界贸易大厦，共 110 层，安装了 1 万个黏弹阻尼器。根据对世界贸易大厦风振反应的观察可知，黏弹性阻尼器用于控制高层和高耸结构风振响应的效果极佳。

黏弹阻尼器主要利用其上的黏弹性材料的耗能能力来减轻结构的损伤，由于黏弹性材料具有较大的存储弹性模量和损耗因子，因此黏弹阻尼器具有较高的耗能能力。现在一些专业公司研制开发了多种建筑用黏弹阻尼器，如沥青橡胶组合黏弹性阻尼器（BRC）、黏弹性橡胶剪切阻尼器等。

针对黏弹性阻尼器的工作原理，目前已经提出多种黏弹性阻尼器的分析模型，常用的黏弹性阻尼器的力学模型主要有以下 5 种：Maxwell 模型、Kelvin 模型、标准线性固体模型、四参数模型和有限元模型。

四参数模型虽然考虑了黏弹性阻尼器作用效果与外力作用频率之间的关系，但是该模型却忽略了温度的变化对其减振效果的影响，同时计算过程繁琐，概念不明确；等效固体模型是计算结果相对准确的一种模型，它能够把外界环境温度、外力作用的频率以及应变幅值对阻尼器的影响表示出来，但是计算相对复杂；Maxwell 模型、Kelvin 模型在计算时尽管存在忽略了温度以及频率对阻尼效果影响的问题，但是计算过程清晰，模型概念易于理解，所以，在选择简化的计算模型分析黏弹性阻尼器时，综合多方面的考虑，Kelvin 模型的应用是最为广泛的。

Kelvin 模型的优点之一便是该模型可以直观地表示出阻尼器在外力作用下能够产生瞬时的弹性作用，并且考虑到在振动过程中阻尼器的蠕变、松弛等现象。由 Kelvin 模型的计算模型图可知，该模型有弹簧和黏壶并联而成（图 5-19），力-位移关系可表示为：

$$F_d(t) = C_d \dot{X}(t) + K_d X(t) \tag{5-11}$$

$$C_d = \frac{n \beta G(\omega) A}{\omega \delta} \tag{5-12}$$

$$K_d = \frac{G(\omega) A}{\delta} \tag{5-13}$$

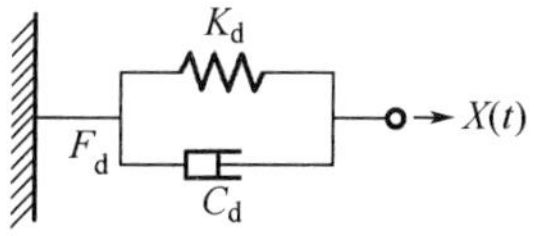

图 5-19　黏弹性阻尼器 Kelvin 计算模型

式中　$X(t)$——相对位移（m）；

　　　$\dot{X}(t)$——相对速度（m/s）；

　　　C_d——黏弹性阻尼器的等效阻尼（kN·s/m）；

　　　K_d——黏弹性阻尼器的等效刚度（kN/m）；

　　　β——黏弹性材料的耗能因子；

　　　G——剪切模量（kN/m²）；

n——黏弹性阻尼器的剪切层层数；

A——剪切层的面积（m^2）；

δ——剪切层的厚度（m）；

ω——激励频率。

工程实例：已建成的合肥体育中心综合馆的屋盖采用主次立体钢桁架结构[45]，其平面尺寸为 150.83m×113.90m。屋盖是由 8 榀横向次桁架 CHJ1～CHJ8，1 榀纵向屋脊主桁架 WJHJ 和 2 榀纵向桁架 LXHT1、LXHT2 组成的。其中悬挑部分为正交正放网架，悬挑 28.23m。结构平面布置如图 5-20 所示。纵向屋脊主桁架高 5.25m，跨度接近 100m，屋脊桁架下弦管内穿预应力钢索。整个屋盖支承在四角处的 4 个核芯筒以及尾部混凝土空心扁柱和侧边的 12 根混凝土实心柱上。

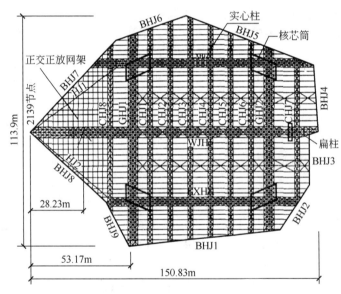

图 5-20　合肥体育中心综合馆屋盖结构平面

根据结构受力特点及原结构分析结果，主要将附加的消能支撑布置在屋脊桁架 WJHJ 以及边桁架 BHJ7、BHJ8 中。屋脊桁架 WJHJ 为 3 层空间桁架结构，是风振控制的重点。附加的消能支撑布置在空间桁架的 A-A、B-B 和 C-C 的范围之内。其中 A-A 位于桁架的上表面，每个节间内设置成 X 形的 4 个消能支撑，故在 20 个节间中共有 80 个阻尼器；B-B 位于桁架的第 2 层，在 4 个节间中布置 X 形消能支撑，共有 16 个阻尼器；C-C 位于桁架的最下层，有 8 个阻尼器，如图 5-21 所示。

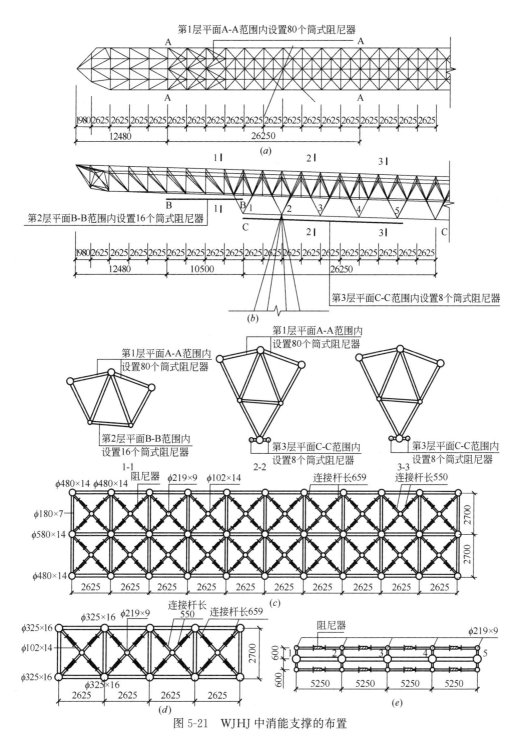

图 5-21　WJHJ 中消能支撑的布置

（a）WJHJ 俯视图；（b）WJHJ 立面图；（c）第 1 层平面 A-A 范围内设置 80 个筒式阻尼器；
（d）第 2 层平面 B-B 范围内设置 16 个筒式阻尼器；（e）第 3 层平面 C-C 范围内设置 8 个筒式阻尼器

边桁架 BHJ7 和 BHJ8 为管桁结构。边桁架 BHJ7 中共布置 52 个阻尼器，BHJ8 中共布置 34 个阻尼器，图 5-22 是边桁架 BHJ8 阻尼器布置的示意图。

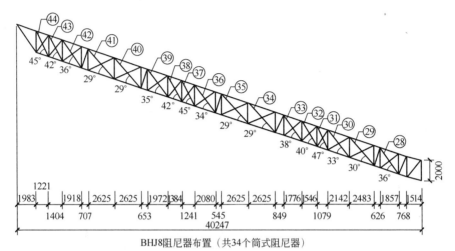

图 5-22　边桁架 BHJ8 中阻尼器布置位置及构造示意

减振结构在风致振动下的竖向位移响应，应明显小于非消能减振设计的规定。故将结构消能减振设计控制目标定为：桁架在永久和可变荷载标准值作用下产生的挠度容许值为 $L/450$，在可变荷载标准值作用下产生的挠度容许值为 $L/550$，即在永久和可变荷载标准值作用下产生的挠度容许值应为 125.5mm，在可变荷载标准值作用下产生的挠度容许值为 102.7mm。计算表明，结构的阻尼比由原来的 0.02 提高到 0.09，大大增强了结构总体的耗能能力。悬挑自由端最外的 2139 号节点，减振前与减振后的竖向位移和竖向加速度的比较见图 5-23 和图 5-24。3644 号和 8225 号杆件为屋脊桁架 WJHJ 固定端附近的杆件，其内力比较见图 5-25（a）、（b）。

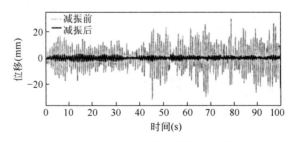

图 5-23　2139 号节点的竖向位移

可见，减振后的竖向位移、竖向加速度和轴力等都大大减小。

（1）当未设置黏弹性阻尼器消能支撑时，合肥体育中心大悬挑钢屋盖结构在风致振动下悬臂自由端的位移超过了规范允许的范围。设置装有黏弹性阻尼器的上述消能支撑后，结构在风致振动下的位移反应明显减小，抗风性能有较大的提高，完全满足我国规范关于强度和刚度的要求。

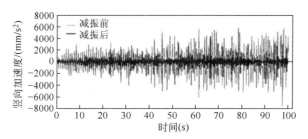

图 5-24　2139 号节点的竖向加速度

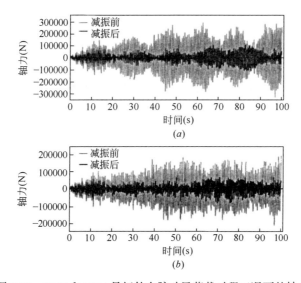

图 5-25　3643 和 7224 号杆件在脉动风荷载时程工况下的轴力

（2）安装筒式黏弹性阻尼器消能支撑后，在静力作用下，大悬挑钢屋盖结构最大竖向位移反应减小 20% 左右，在风动力荷载作用下，减小 30% 左右，说明减振效果良好。

（3）采用筒式黏弹性阻尼器估计要多花 40～50 万元，但与通过增加截面提高性能的方法相比，可节约钢材，降低综合造价，且结构的安全性和使用性能有大幅提高，具有很好的社会效益和经济效益。

5.2.3　铅挤压阻尼器

铅挤压阻尼器[46] 最早是新西兰 Robinson 根据铅受挤压产生塑性变形消耗能量的原理制造而成，典型的铅挤压阻尼器有两种基本形式：收缩管型和凸轴型。当外壁钢管和中心轴发生相对运动时，使铅发生塑性变形而耗能。在东南大学教育部重点实验室，有关学者对凸轴型的阻尼器进行了相应的试验研究，结果表明铅挤压阻尼器的滞回曲线饱满，耗能效率高且阻尼性能与加载频率基本无关，工作性能稳定，其滞回曲线如图5-26所示。

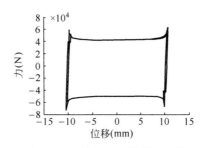

图 5-26　铅挤压阻尼器滞回曲线

5.2.4　软钢板阻尼器

软钢阻尼器[47] 是目前国内外广泛研究的各种耗能器中，构造简单、造价低廉、力学模型明确的一种被动耗能装置，屈服后在反复循环荷载作用下仍具有稳定的滞回特性。相关学者利用软钢板的滞回特点，设计了对结构进行耗能的阻尼器，如图5-27所示。当阻尼器发生较小水平位移时（在风或小地震时），U形软钢板仍处于弹性工作状态，为结构提供一定的刚度。当U形软钢板在发生较大水平位移时（强风或中强地震），部分材料进入非弹性工作状态并消耗风或地震能量。

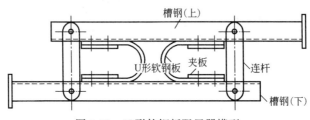

图 5-27　U形软钢板阻尼器模型

5.3　黏弹性阻尼器减振效果分析

5.3.1　阻尼器模拟及布置方案

由第2章有悬挑屋盖风振响应分析可知，悬挑部分的角部区域，位移风振系数出现极值。为了降低悬挑网架挑檐部分的风振响应，在结构悬挑部分风振响应较大位置设置黏弹性阻尼器对结构进行振动控制，黏弹性阻尼器在有限元分析软件 ANSYS 中选用 COMBINE14 单元来进行模拟，时程加载时统一选用 210°风向角下的风荷载数据。

结构设置黏弹性阻尼器之后，阻尼减振效果用减振系数 β 来表示，当 β 值越大时，表明阻尼减振效果越好，减振系数 β 的计算公式如下：

$$\beta = \frac{\delta_0 - \delta}{\delta_0} \qquad (5\text{-}14)$$

式中　δ_0——减振前结构时程响应峰值；

　　　δ——减振后结构时程响应峰值。

采用附加方式在悬挑网架的挑檐角部区域增设阻尼器，悬挑角部为 6m×6m 的正方形区域，在每个角部区域沿对角线位置，由固定端至悬挑角部，在腹杆处增设 4 个阻尼器，阻尼系数 $C=5000\mathrm{kN}/$（m/s），具体布置位置如图 5-28 所示。

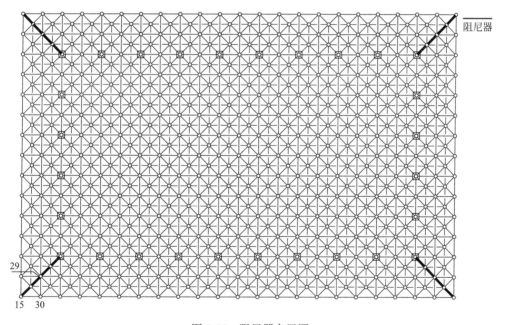

图 5-28　阻尼器布置图

5.3.2　增设阻尼器悬挑网架风振响应分析

表 5-1 给出了悬挑角部区域节点在风荷载作用下，通过 ANSYS 有限元软件进行时程分析，增设阻尼器的有控状态与增设前无控状态的风振响应对比，包含竖向位移均方根值、速度和加速度绝对值最大值。为了能更直观地说明增设阻尼器对风振响应的控制效果，图 5-29 给出了节点 15、节点 29 和节点 30 的位移、速度、加速度响应的时程对比图。

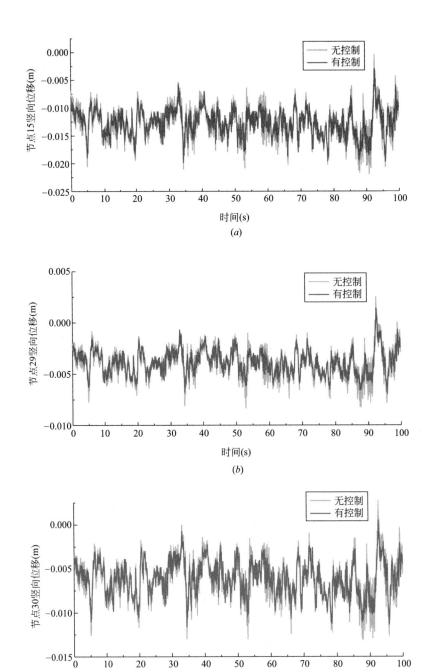

图 5-29　典型节点位移、速度、加速度响应对比（一）

（a）15节点位移响应对比；（b）29节点位移响应对比；（c）30节点位移响应对比

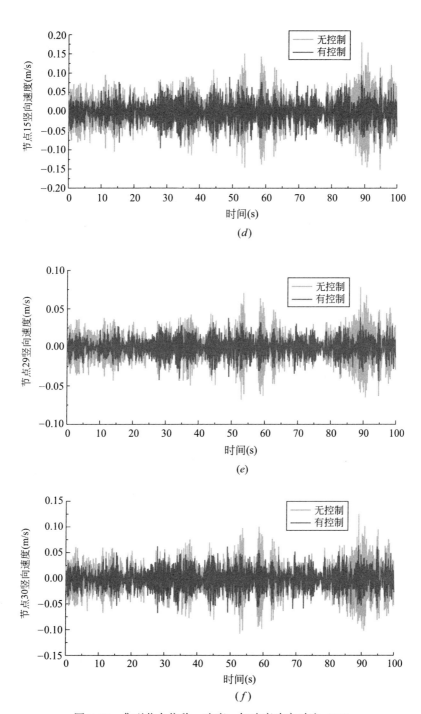

图 5-29　典型节点位移、速度、加速度响应对比（二）

（d）15 节点速度响应对比；（e）29 节点速度响应对比；（f）30 节点速度响应对比

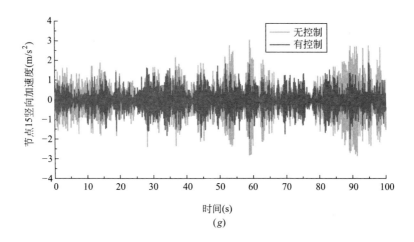

(g)

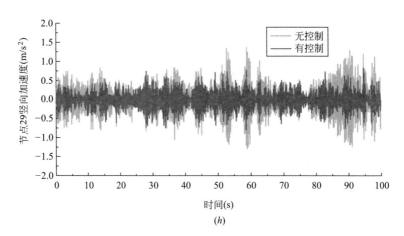

(h)

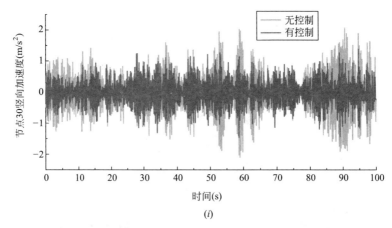

(i)

图 5-29 典型节点位移、速度、加速度响应对比（三）

（g）15 节点加速度响应对比；（h）29 节点加速度响应对比；（i）30 节点加速度响应对比

典型节点有无阻尼器状态响应对比   表 5-1

响应	节点号	无控状态	有控状态	减振系数 β
竖向位移均方根(mm)	15	2.91	2.42	16.8%
	29	1.44	1.18	18.1%
	30	2.29	1.95	14.7%
竖向速度最大值(m/s)	15	0.180	0.114	36.6%
	29	0.078	0.043	44.5%
	30	0.126	0.066	47.8%
竖向加速度最大值(m/s²)	15	3.084	2.132	31.1%
	29	1.381	0.840	39.2%
	30	2.080	1.443	30.7%

通过对附加黏弹性阻尼器的悬挑网架进行风振响应分析可知，节点 15 的竖向位移均方根减振系数达到了 16.8%，节点 29 的竖向位移均方根减振系数达到了 18.1%，位移均方根的降低代表了节点振动幅度的减弱；节点速度方面，15、29、30 节点的速度减振系数分别达到了 36.6%、44.5%、47.8%；加速度方面，29 节点的竖向加速度减振系数达到了 39.2%，15 和 30 节点的加速度减振系数分别为 31.1% 和 30.7%。

综合以上的分析可以看出，在附加阻尼器后，悬挑网架的挑檐角部区域的代表性节点 15、29、30 在风振作用之下的响应都得到了一定程度的控制，其中从减振系数可以看出，节点 29 在位移、速度、加速度响应三个方面减振系数都为三个节点中的最大值，综合阻尼器布置方案分析，29 节点有两根阻尼器直接相连，因此减振效果更佳，从图 5-29 可以看出，有控制状态下的结构各类响应幅值也都得到了明显的控制。

考虑到悬挑网架的挑檐部分的风振响应主要以竖向振动为主，风振破坏也往往出现在这些角部节点处，而黏弹性阻尼器对节点的竖向位移、竖向速度以及竖向加速度均有比较明显的减振效果，因此，在悬挑网架的角部区域布置黏弹性阻尼器对风振的控制可取得明显效果。

5.3.3 阻尼系数对减振效果的影响

阻尼器布置方式同图 5-28，在每个悬挑角部布置 4 根阻尼器，选取三种不同阻尼系数的阻尼器，阻尼系数 C 分别为 5000kN/（m/s）、2000kN/（m/s）、1000kN/（m/s），然后对结构进行风振响应时程分析，为了能清晰全面地看出对比分析情况，表 5-2 给出了节点 15、29、30 在多种工况下的位移、速度与加速度响应情况，列出了各个节点在不同工况下的减振系数。图 5-30、图 5-31 和图 5-32 给出了节点 15、节点 29、节点 30 的响应情况对比。

不同阻尼系数阻尼器控制下节点响应　　　　　表 5-2

节点号	响应	阻尼系数 kN/(m/s)	响应值	β
15	竖向位移均方根(mm)	无阻尼	2.91	/
		5000	2.42	16.8%
		2000	2.46	15.6%
		1000	2.48	14.9%
	竖向速度最大值(m/s)	无阻尼	0.180	/
		5000	0.114	36.6%
		2000	0.122	32.2%
		1000	0.123	31.7%
	竖向加速度最大值(m/s²)	无阻尼	3.084	/
		5000	2.132	31.1%
		2000	2.223	27.9%
		1000	2.313	25.0%
29	竖向位移均方根(mm)	无阻尼	1.44	/
		5000	1.18	18.1%
		2000	1.19	17.2%
		1000	1.21	15.8%
	竖向速度最大值(m/s)	无阻尼	0.078	/
		5000	0.043	44.5%
		2000	0.045	41.8%
		1000	0.053	32.4%
	竖向加速度最大值(m/s²)	无阻尼	1.381	/
		5000	0.840	39.2%
		2000	0.892	35.4%
		1000	0.978	29.1%
30	竖向位移均方根(mm)	无阻尼	2.29	/
		5000	1.95	14.7%
		2000	1.98	13.6%
		1000	2.02	12.9%
	竖向速度最大值(m/s)	无阻尼	0.126	/
		5000	0.066	47.8%
		2000	0.075	40.8%
		1000	0.856	32.0%
	竖向加速度最大值(m/s²)	无阻尼	2.080	/
		5000	1.443	30.7%
		2000	1.467	29.4%
		1000	1.554	25.3%

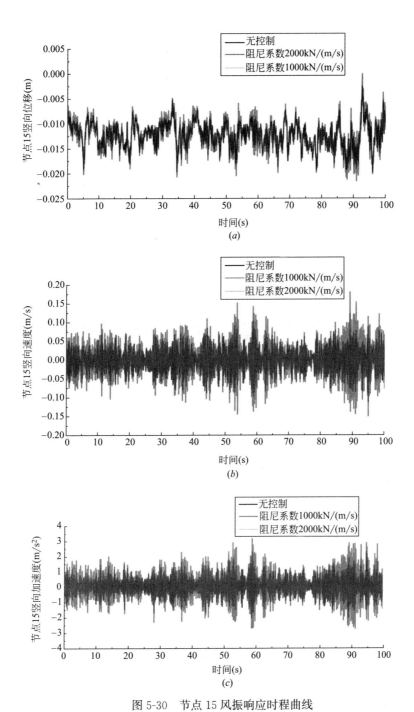

图 5-30　节点 15 风振响应时程曲线

（a）节点 15 竖向位移响应对比；（b）节点 15 竖向速度响应对比；（c）节点 15 竖向加速度响应对比

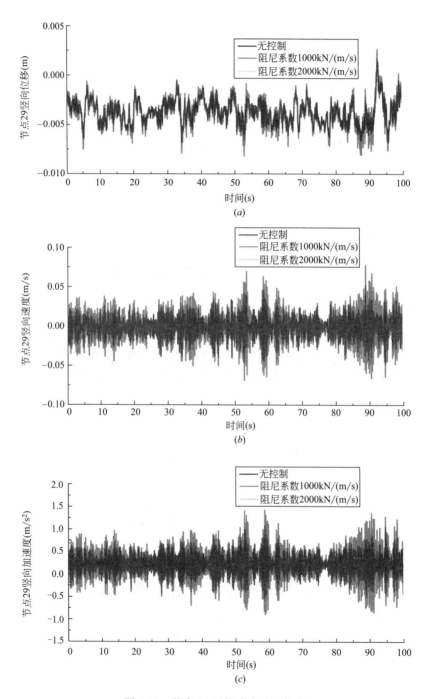

图 5-31　节点 29 风振响应时程曲线

（a）节点 29 竖向位移响应对比；（b）节点 29 竖向速度响应对比；（c）节点 29 竖向加速度响应对比

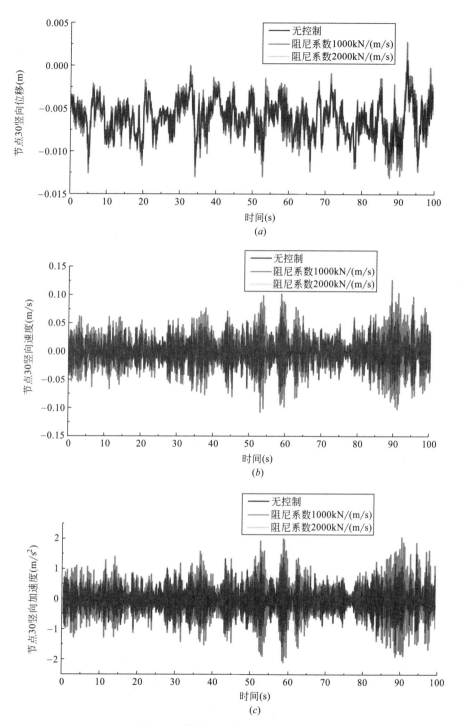

图 5-32　节点 30 风振响应时程曲线

（*a*）节点 30 竖向位移响应对比；（*b*）节点 30 竖向速度响应对比；（*c*）节点 30 竖向加速度响应对比

通过表 5-2 的数值对比以及图 5-30、图 5-31、图 5-32 的分析可以得出：

（1）三种不同阻尼系数的阻尼器在对悬挑节点的风振控制中取得了不同程度的减振效果；

（2）随着阻尼系数的变化，15 节点、29 节点、30 节点的竖向位移均方根值的减振系数变化幅度较小，阻尼系数由 5000kN/（m/s）降低至 1000kN/（m/s），15 节点位移均方根 β 值由 16.8% 降低至 14.9%，29 节点由 18.1% 降至 15.8%，因此阻尼系数的变化对振动幅度的影响较弱；从图 5-30 中节点 15 在两种阻尼器下的位移响应可以发现，阻尼系数的变化对位移响应的影响很小；

（3）从表 5-3 所示的节点速度最大值可以看出，改变阻尼器的阻尼系数，节点的竖向速度最大值发生较大改变，速度减振系数 β 随着阻尼系数的增加而增大，节点 29 的速度减振系数由 32.4% 增大至 44.5%，节点 30 则由 32.0% 增大至 47.8%。

因此，在选用不同阻尼系数阻尼器时，应综合考虑其对位移、速度与加速度响应的影响。

5.3.4　阻尼器数量对减振效果的影响

保持 5.3.3 节的网架模型不变，在原有的每个角部设置 4 个阻尼器的基础上，将角部阻尼器个数进行增加，分别设置 8 个以及 16 个阻尼器，每个阻尼器的阻尼系数均为 $C=5000kN/$（m/s），具体布置位置如图 5-33、图 5-34 所示。表 5-3 给出了典型节点在三种数量阻尼器设置下的风振响应。为了直观地看出不同阻尼器数量对减振效果的影响，图 5-35、图 5-36、图 5-37 给出了典型节点的风振响应时程曲线对比。

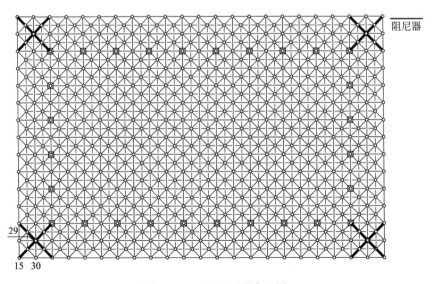

图 5-33　32 根阻尼器布置图

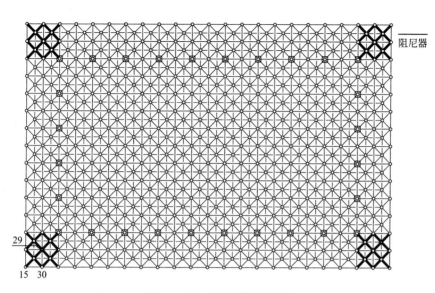

图 5-34　64 根阻尼器布置图

不同数量阻尼器控制下节点响应　　　　　　　表 5-3

节点号	响应	阻尼器数量 （整个网架）	响应值	β
15	竖向位移均方根(mm)	无阻尼	2.91	/
		16	2.42	16.8%
		32	2.35	19.4%
		64	2.23	23.3%
	竖向速度最大值(m/s)	无阻尼	0.180	/
		16	0.114	36.6%
		32	0.113	37.1%
		64	0.101	44.0%
	竖向加速度最大值(m/s²)	无阻尼	3.084	/
		16	2.132	31.1%
		32	1.95	36.7%
		64	1.88	39.1%

续表

节点号	响应	阻尼器数量 （整个网架）	响应值	β
29	竖向位移均方根（mm）	无阻尼	1.44	/
		16	1.18	18.1%
		32	1.14	20.5%
		64	1.08	24.6%
	竖向速度最大值（m/s）	无阻尼	0.078	/
		16	0.043	44.5%
		32	0.043	44.8%
		64	0.042	46.2%
	竖向加速度最大值（m/s²）	无阻尼	1.381	/
		16	0.840	39.2%
		32	0.827	40.1%
		64	0.808	41.4%
30	竖向位移均方根（mm）	无阻尼	2.29	/
		16	1.95	14.7%
		32	1.91	16.8%
		64	1.84	19.7%
	竖向速度最大值（m/s）	无阻尼	0.126	/
		16	0.066	47.8%
		32	0.065	48.5%
		64	0.061	51.2%
	竖向加速度最大值（m/s²）	无阻尼	2.080	/
		16	1.443	30.7%
		32	1.392	33.1%
		64	1.340	35.6%

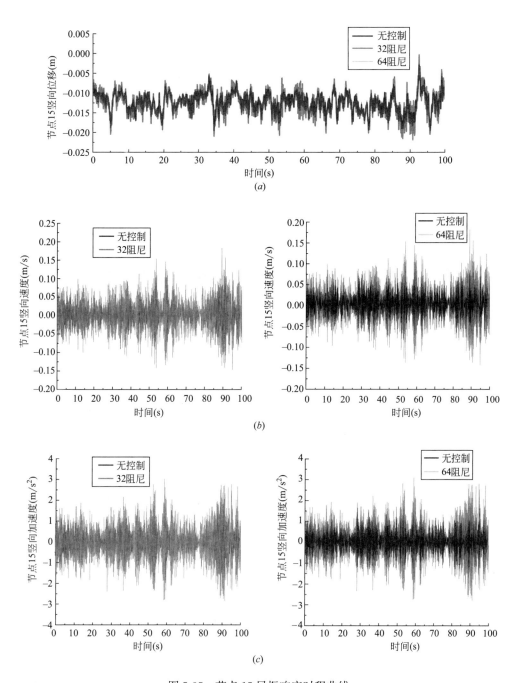

图 5-35　节点 15 风振响应时程曲线

（a）节点 15 竖向位移响应对比；（b）节点 15 竖向速度响应对比；

（c）节点 15 竖向加速度响应对比

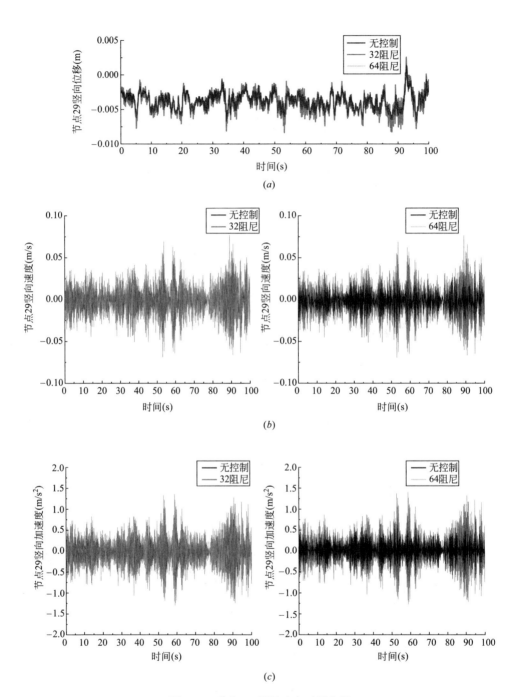

图 5-36 节点 29 风振响应时程曲线

（*a*）节点 29 竖向位移响应对比；（*b*）节点 29 竖向速度响应对比；

（*c*）节点 29 竖向加速度响应对比

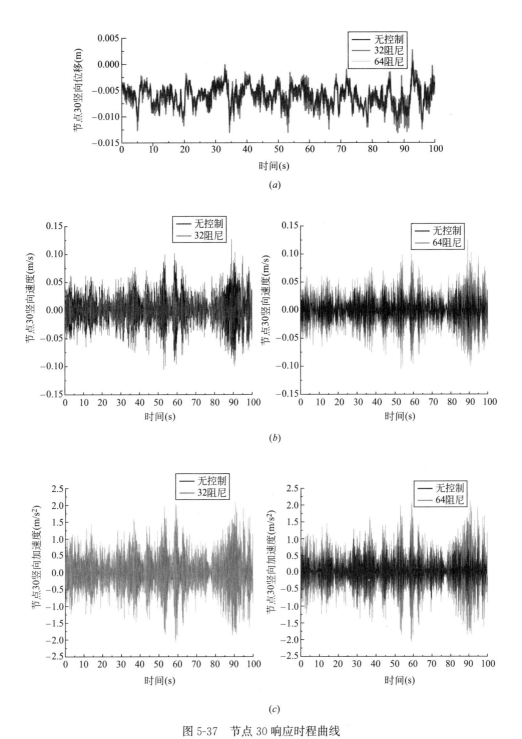

图 5-37　节点 30 响应时程曲线

（a）节点 30 竖向位移响应对比；（b）节点 30 竖向速度响应对比；（c）节点 30 竖向加速度响应对比

通过表 5-3 与图 5-35、图 5-36、图 5-37 的综合对比分析，可以得出以下结论：

（1）按以上的布置方案，随角部区域的阻尼器数量增加，各节点的位移、速度、加速度的减振系数 β 增大，但增大幅度较小，如节点 15 的位移减振系数由 16.8％增至 23.3％，节点 29 的速度减振系数由 44.5％增至 46.2％，节点 30 的加速度减振系数由 30.7％增至 35.6％。

（2）阻尼器数量增加 4 倍，各节点的各项风振响应指标的减振系数增大幅度均在 10％以下，因此，通过增加阻尼器数量来增强风振控制效果要综合经济效益考虑。

5.4　既有锈蚀网架结构的减振控制分析

5.4.1　有无锈蚀网架结构风振响应模拟对比

对于任何一种建筑结构而言，其所处的环境都具有不同程度的腐蚀性[48]。在长期的使用过程中，自然环境对结构的影响会逐年累加，网架结构容易出现锈蚀、老化、强度降低、疲劳破坏等现象，随着年限的增长，结构的安全性无法得到保证[49]，由于很容易出现锈蚀，使得结构承载力减小，出现不满足结构使用要求的情况，在强风作用下网架易发生破坏。对既有网架结构进行调查，发现钢制构件的锈蚀深度一般在 1mm 左右[49]。

对既有大跨度有悬挑网架，模拟网架钢构件锈蚀 1mm 深度后在风荷载作用下的风振位移响应。取图 5-28 网架模型，先考虑没有增设阻尼器情况。图 5-38 与图 5-39 给出了 15 节点的竖向位移与加速度响应时程曲线，从图 5-38 可以看到，由于网架锈蚀造成整体刚度降低，不仅其自重作用引起的位移值变大，挑檐迎风前缘节点风振位移响应亦随之增大。从图 5-39 可以看出其加速度响应也随之增大。

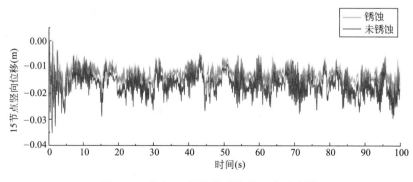

图 5-38　节点 15 锈蚀前后位移响应对比图

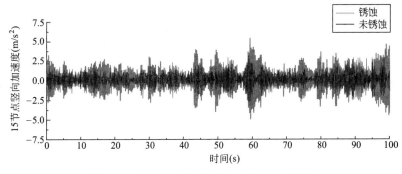

图 5-39　节点 15 锈蚀前后加速度响应对比图

5.4.2　不同锈蚀程度网架的减振效果分析

在既有结构中，随着网架所处环境以及年限的不同，锈蚀程度存在差异，伴随着网架锈蚀程度的加重，网架的承载能力逐渐下降，为探究黏弹性阻尼器对不同锈蚀程度网架的风振控制效果，按图 5-28 所示方式布置阻尼器，每个悬挑角部区域各布置 4 根，阻尼系数为 $C = 5000 \mathrm{kN/(m/s)}$，模拟网架在锈蚀深度 0.2mm、0.4mm、0.6mm、0.8mm 以及 1.0mm 状态下阻尼器的减振效果。图 5-40 与图 5-41 给出了不同锈蚀程度网架的 15 节点的位移与加速度响应对比。图 5-42 给出了 15 节点的位移与加速度响应随锈蚀深度的变化趋势。

从图 5-40 和图 5-41 中可以看出，网架的位移响应以及加速度响应在无阻尼器状态下会随着锈蚀深度的增加而显著增加，其中，锈蚀深度由 0mm 逐步增加至 1mm，位移均方根响应由 2.91mm 增大至 4.47mm，增幅达到 53.6%，而加速度响应峰值则由 3.08m/s² 增大至 5.07m/s²，增幅达到 64.6%，由时程曲线也可以明显看出，振动响应在逐渐增大。

由图 5-42 可以看出，当设置阻尼器后，响应值得到了有效控制。位移响应值在锈蚀深度为 0.2mm 时为 2.58mm，此时的减振系数 β 为 18.6%；当锈蚀深度达到 1mm 时，位移响应均方根为 3.32mm，减振系数 β 为 25.7%，说明随着锈蚀深度加大，黏弹性阻尼器在风振位移响应控制上具有良好的减振效果。

加速度响应控制方面，当锈蚀深度为 0.2mm 时，加速度响应峰值为 2.38m/s²，此时减振系数 β 为 38.9%；当锈蚀深度达到 1mm 时，加速度响应峰值为 3.01m/s²，此时减振系数 β 为 40.6%，并且，加设阻尼器之后，锈蚀 1mm 的加速度响应峰值 3.01m/s² 要低于不锈蚀状态未加设阻尼器的加速度响应 3.08m/s²。另外，由图 5-42 (b) 可以看出，当锈蚀深度超过 0.6mm 之后，加速度响应峰值增加明显，由 4.28m/s² 增加至 5.07m/s²，增幅为 18.5%，而增设阻尼器之后，加速度响应峰值由 2.87m/s² 增至 3.01m/s²，增幅仅为 4.9%，基本使加速度响应维持在一个稳定的范围内，振动控制效果显著。

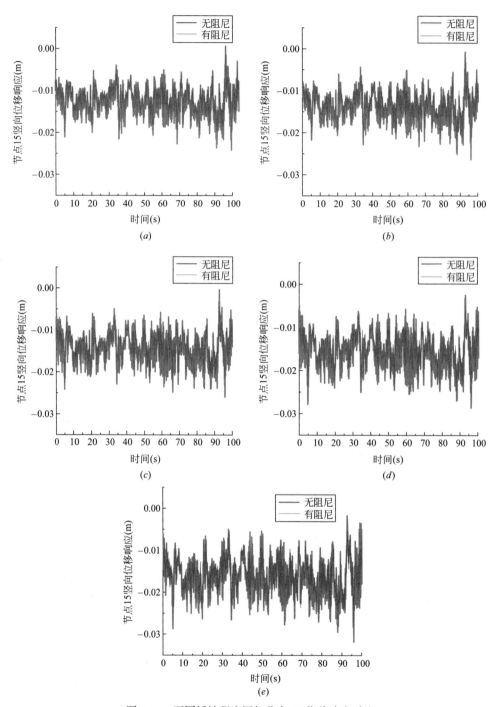

图 5-40 不同锈蚀程度网架节点 15 位移响应对比

(a) 网架锈蚀深度 0.2mm；(b) 网架锈蚀深度 0.4mm；(c) 网架锈蚀深度 0.6mm；

(d) 网架锈蚀深度 0.8mm；(e) 网架锈蚀深度 1.0mm

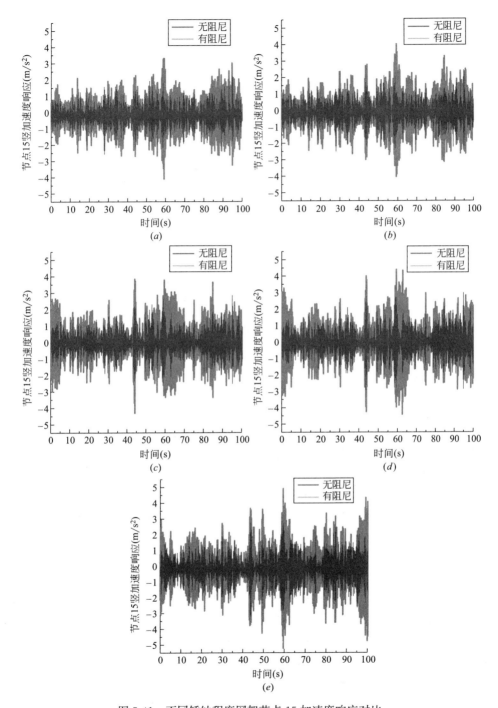

图 5-41　不同锈蚀程度网架节点 15 加速度响应对比

（a）网架锈蚀深度 0.2mm；（b）网架锈蚀深度 0.4mm；（c）网架锈蚀深度 0.6mm；

（d）网架锈蚀深度 0.8mm；（e）网架锈蚀深度 1.0mm

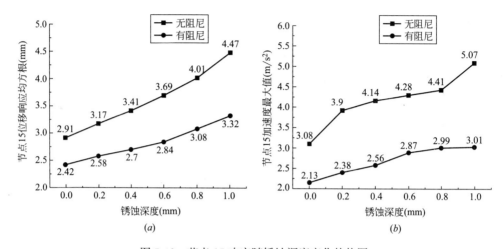

图 5-42　节点 15 响应随锈蚀深度变化趋势图

（a）位移均方根响应变化趋势；（b）加速度响应峰值变化趋势

总结来看，对于锈蚀网架，增设黏弹性阻尼器取得较好的振动控制效果。采用黏弹性阻尼器对既有大跨度网架结构进行加固是合理可行的，对延长结构的使用寿命有较显著的作用。

5.4.3　小结

通过对悬挑网架角部区域布置黏弹性阻尼器进行风振控制，分析了不同阻尼系数阻尼器和不同数量阻尼器对减振效果的影响，以及黏弹性阻尼器在不同锈蚀程度网架中的减振效果，得出如下结论：

（1）在附加阻尼器后，悬挑网架的挑檐角部区域的代表性节点 15、29、30 在风振作用之下的响应值都得到了一定程度的控制。节点 15 的竖向位移均方根减振系数 β 达到了 16.8%，节点 30 的速度减振系数达到了 47.8%，29 节点的竖向加速度减振系数达到 39.2%，表明在悬挑网架的角部区域布置黏弹性阻尼器对风振的控制效果是比较明显的。

（2）增大黏弹性阻尼器的阻尼系数，挑檐角部区域的位移响应均方根减振系数增幅不大，但节点的竖向速度与竖向加速度响应最大值减振系数明显增大，在选用不同阻尼系数阻尼器时，应综合考虑其对位移、速度与加速度响应的影响。

（3）增加阻尼器的布置数量，各节点的位移、速度、加速度响应的减振系数 β 虽有一定程度的提高，但增大效果不明显；当阻尼器数量增大 4 倍时，各项响应值的减振系数增幅不到 10%，工程应用中应综合考虑这一情况。

（4）网架锈蚀后，风振响应会增大，随着锈蚀程度加重，网架风振响应也逐步增加，对不同锈蚀程度的网架，黏弹性阻尼器均可发挥良好的风振控制作用。当设置黏弹性阻尼器对结构进行减振加固时，会显著减缓结构位移及加速度响应值随锈蚀深度增大而增加的速率，锈蚀程度达到1mm时，对关键节点的位移均方根和加速度峰值减振系数分别达到25.7%和40.6%，当锈蚀深度超过0.6mm时，对加速度响应控制效果尤为明显。

参考文献

[1] 李雪丹. 基于 CFD 技术建筑结构风荷载数值模拟研究 [D]. 华南理工大学，2013.

[2] 陈伏彬. 大跨结构风效应的现场实测和风洞试验及理论分析研究 [D]. 湖南大学，2011.

[3] 李洋. 大跨度屋盖结构风振响应及风振系数研究 [D]. 西安建筑科技大学，2009.

[4] 杨丽丽. 大跨度薄壳穹顶结构的风振响应分析 [D]. 沈阳建筑大学，2011.

[5] A. Kareem，T. Kijewski. 7thUS National Conference on Wind Engineering：A Summary of papers. Journal of Wind Engineering and Industrial Aerodynamics，1996，62：81～129.

[6] 李玉学. 大跨屋盖结构风振响应和等效静力风荷载关键性问题研究 [D]. 北京交通大学，2010.

[7] 黄本才，汪丛军. 结构抗风分析原理及应用（第 2 版） [M]. 上海：同济大学出版社，2008.

[8] 刘思为. 大跨度空间结构风荷载数值模拟及风振响应研究 [D]. 西南交通大学，2011.

[9] 吴瑾，夏逸鸣，张丽芳. 土木工程结构抗风设计 [M]. 北京：科学出版社，2007.

[10] 武岳，孙瑛，郑朝荣，孙晓颖. 风工程与结构抗风设计 [M]. 哈尔滨：哈尔滨工业大学出版社，2014.

[11] 中华人民共和国住房和城乡建设部. 建筑结构荷载规范 GB 5009—2012 [S]. 北京：中国建筑工业出版社，2012.

[12] 陈波，骆盼育，杨庆山. 测压管道系统频响函数及对风效应的影响 [J]. 振动与冲击，2014，33（3）：130-134.

[13] 罗尧治，葛梦娇，孙斌，等. 大跨度屋盖结构台风效应的风洞试验与实测 [J]. 建筑结构，2014（19）：7-11.

[14] 王福军. 计算流体动力学分析—CFD 软件原理与应用 [M]. 北京：清华大学出版社，2004.

[15] 付康维. 槽式聚光镜风效应的 CFD 数值模拟 [D]. 湖南大学，2014.

[16] 朱自强. 应用计算流体力学 [M]. 北京：北京航空航天大学出版社，1998.

[17] 黄本才. 结构抗风分析原理及应用 [M]. 上海：同济大学出版社，2001.

[18] 刘顺. 细部构造对结构风荷载影响的数值模拟分析 [D]. 湖南大学，2015.

[19] 葛文浩. 基于大祸模拟的泄水建筑物体型研究 [D]. 天津大学，2012.

[20] 于凤全. 建筑物风环境 CFD 模拟方法综述 [J]. 茂名学院学报，2010，（1）：72-75.

[21] 李埼. 火车站大型雨棚的风压实验研究与数值模拟 [D]. 西南交通大学，2006.

[22] 吴奎. 基于 CFD 理论建筑膜结构风荷载数值模拟研究 [D]. 重庆大学，2013.

[23] 李恒. 建筑结构风效应风洞试验及数值模拟研究 [D]. 浙江大学，2007.

[24] 许伟. 大气边界层风洞中风场的数值模拟 [D]. 哈尔滨工业大学，2007.

[25] 林斌. 悬挑屋盖的风荷载模拟与气动控制研究 [D]. 哈尔滨工业大学，2010.

[26] Nakayama M，Sasaki Y，Masuda K，et al. An efficient method for selection of vibration modes contributory to wind response on dome-like roofs [J]. Journal of Wind Engineer-

ing & Industrial Aerodynamics, 1999, 73 (1): 31-43.

[27] 何艳丽, 董石麟. 空间网格结构频域风振响应分析模态补偿法 [J]. 工程力学, 2002, 19 (4): 1-6.

[28] 黄明开, 倪振华, 谢壮宁. 大跨圆拱屋盖结构的风致响应分析 [J]. 振动工程学报, 2004, 17 (3): 275-279.

[29] 王国砚, 黄本才, 林颖儒, 等. 基于 CQC 方法的大跨屋盖结构随机风振响应计算 [C]. 全国风工程及工业空气动力学学术会议. 2002.

[30] 林家浩, 张亚辉. 随机振动的虚拟激励法 [M]. 北京: 科学出版社, 2004.

[31] 陈贤川. 大跨度屋盖结构风致响应和等效风荷载的理论研究及应用 [D]. 浙江大学, 2005.

[32] 丁皓江, 等. 弹性和塑性力学中的有限单元法 [M]. 北京: 机械工业出版社, 1989.

[33] 王肇民. 桅杆结构 [M]. 北京: 科学出版社, 2001.

[34] 刘娟. 大跨屋盖结构风荷载特性及抗风设计研究 [D]. 西南交通大学, 2011.

[35] 杨庆山, 沈世钊, 何成杰. 悬索结构风振系数计算 [J]. 哈尔滨建筑大学学报, 1995 (6): 33-40.

[36] 杨庆山, 沈世钊. 悬索结构随机风振反应分析 [J]. 建筑结构学报, 1998, 19 (4): 29-39.

[37] Melbourne W H. The response of large roofs to wind action [J]. Journal of Wind Engineering and Industrial Aerodynamics, 1995, 54: 325-335.

[38] 贾斌, 赖伟, 魏明宇. 防屈曲技术在某网架加固工程中的应用 [J]. 建筑钢结构进展, 2017, 1904: 98-104.

[39] 苏萍. 既有空间网架结构加固方法研究 [D]. 山东大学, 2014.

[40] 刘坤. 空间网架结构的验算及外粘钢管加固技术的应用研究 [D]. 山东大学, 2016.

[41] 李树林, 张津涛, 吴元, 乌兰. 网架改造加固设计方法 [J]. 钢结构, 2009, 2411: 35-39.

[42] 蒋春艳. 网架结构的黏滞阻尼器减震分析 [D]. 河北农业大学, 2008.

[43] 阳光. 空间网格结构风振抑制的阻尼器优化布置研究 [D]. 上海交通大学, 2007.

[44] 范峰, 沈世钊. 网壳结构的黏弹阻尼器减振分析 [J]. 地震工程与工程振动, 2003, 03: 156-159.

[45] 苏毅, 常业军, 储良成, 程文瀼. 大悬挑屋盖结构采用筒式黏弹性阻尼器的风振控制应用研究 [J]. 四川建筑科学研究, 2009, 35 (04): 58-62.

[46] 杨明飞, 徐赵东, 黄兴淮. 大跨空间网架结构铅挤压阻尼器减振控制分析 [J]. 华东交通大学学报, 2012, 2902: 21-26.

[47] 杨军, 薛素铎. 新型 U 形软钢板阻尼器在网架结构中的减震控制研究 [J]. 工程建设与设计, 2008, 06: 22-25.

[48] 刘红波, 刘东宇, 徐杰. 天津新港船闸桥锈蚀检测与结构性能评估 [J]. 天津大学学报 (自然科学与工程技术版), 2015, 48 (S1): 147-150.

[49] 贝利斯 DA, 迪肯 DH. 钢结构的腐蚀控制 [M]. 丁桦, 译. 2 版. 北京: 化学工业出版社, 2005.